AF395984

L 27
n
18109

ÉLOGE HISTORIQUE

DE L'ABBÉ

FRANÇOIS ROZIER

RESTAURATEUR DE L'AGRICULTURE FRANÇAISE,

AVEC

Une Notice bibliographique de ses différens ouvrages,
tant imprimés que manuscrits;

PAR

ARSENNE THIÉBAUT-DE-BERNEAUD.

PARIS.

TREUTTEL ET WURTZ, LIBRAIRES,
RUE DE LILLE, N. 17;
RORET, LIBRAIRE, RUE HAUTEFEUILLE, N. 10 BIS;
DESBAUSSEAUX, RUE DES SAINTS-PÈRES, 16.

——

1833

ÉLOGE HISTORIQUE

DE

FRANÇOIS ROZIER

RESTAURATEUR DE L'AGRICULTURE FRANÇAISE;

PAR

ARSENNE THIÉBAUT-DE-BERNEAUD.

PARIS.

IMPRIMERIE DE A. BARBIER,
RUE DES MARAIS S.-G., N. 17.

1833

✿

Savant aimable, l'abbé ROZIER nous fait aimer
les sciences qu'il cultive.

J.-J. ROUSSEAU.

✿

En 1829, M. MATHIEU BONAFOUS, directeur du Jardin d'agriculture expérimentale à Turin, invita l'Académie des sciences, belles-lettres et arts de Lyon d'ouvrir un concours pour *l'Éloge de l'abbé Rozier* : il en fit les fonds. A cet appel, adressé aux amis des sciences, je détachai du premier volume de mon *Dictionnaire* encore inédit *de l'agriculture française*, tout ce qui était relatif à ce grand homme, et j'écrivis les pages que je publie aujourd'hui.

J'adressai mon travail à feu mon ami BALBIS, pour le déposer au secrétariat de l'Académie, ce qu'il fit le 26 juin 1830, quatre jours avant le terme de rigueur, ainsi que le prouve le reçu de M. DUMAS, secrétaire perpétuel.

Mon mémoire fut seul au moment de la clôture. Comme il ne répondait point aux vues des commissaires-rapporteurs, le concours fut successivement ajourné à l'année 1831, puis à l'année 1832.

Le silence gardé par les Lyonnais sur leur illustre compatriote fit craindre que personne n'entrât en lice. Pour appeler la concurrence, M. COCHARD, membre de l'Académie, imprima, en 1832, une *Notice historique sur l'abbé Rozier*, qui fut distribuée et répandue.

Un second mémoire parvint. Il obtint le prix à la séance publique de l'Académie le 30 août 1832.

Il est de M. Alphonse de Boissieux et a paru en novembre 1832.

Je me suis procuré ces deux pièces.

J'avais conservé quelques faits précieux pour le jour où je publierais aussi mon Mémoire; comme ils ne se trouvaient point dans le manuscrit déposé depuis deux ans environ au secrétariat de l'Académie, on ne les rencontre ni dans l'une ni dans l'autre de ces deux brochures. J'ai lieu de m'applaudir de ma réserve, puisqu'elle me justifie du délit de plagiat que quelques individus ne manqueraient pas de m'imputer en me lisant aujourd'hui.

L'éloge de Rozier m'a été inspiré par l'amour de mon pays, que je place au-dessus de tout; par l'instruction solide que j'ai puisée aux livres du restaurateur de notre agriculture, par la haute vénération que je n'ai cessé de professer dans mes divers ouvrages pour ses vertus, pour ses opinions politiques et son patriotisme si pur. Les pages que l'on va lire sont telles qu'elles furent écrites en mars 1830; en les traçant alors je n'ai regardé ni devant ni derrière moi, j'ai obéi au sentiment, j'ai satisfait mon cœur. En cette circonstance, comme dans toutes les phases de ma carrière publique et privée, j'ai pu dire, avec le poëte latin, je n'ai connu ni l'ambition qui rend faux et servile, ni la soif de l'or qui décide à toutes les bassesses et pousse à tous les crimes :

Nec nos ambitio, nec nos amor urget habendi.

ÉLOGE HISTORIQUE

DE

FRANÇOIS ROZIER.

Par sa position géographique, la variété et la nature de son sol, par son étendue et l'activité de ses habitans, la France est appelée à occuper la première place parmi les nations agricoles de l'Europe, et à puiser dans son propre sein tout ce que peuvent lui demander le luxe du riche et les besoins du peuple. Si elle n'a pas toujours répondu à l'exigence du moment, c'est qu'elle a long-tems gémi sous le joug de la routine et perdu de tristes siècles à suivre le sillon que traçaient péniblement des mains esclaves. Déchirée par des envahissemens successifs, par des troubles intérieurs, par l'audace de voisins entreprenans, la France ne pouvait alors surgir à la gloire que de plus nobles destins lui promettaient; comment, en effet, serait-elle arrivée à la période de prospérité quand elle était flétrie sous le poids de l'anarchie, sans cesse effrayée par les fureurs de rois pervers ou stupides, habitués aux crimes et dévorés par le besoin insensé de la guerre? que pouvait faire une nation généreuse qui ne demandait que des lois et des mœurs, lorsqu'elle se voyait pré-

cipiter dans la barbarie, dépouillée de tous les droits
de l'humanité, frappée d'impôts exorbitans, de
vexations inouïes et de tout ce que l'arbitraire a de
plus odieux? Où les institutions sont vicieuses, le
développement des plus nobles dispositions est sans
cesse contrarié, les efforts d'une industrie puissante
sont paralysés, étouffés, et deviennent même le pré-
texte d'indécentes persécutions.

D'un autre côté, l'ignorance et les préjugés plom-
baient sur toutes les têtes et retenaient la pensée
captive. La science des champs était nulle, son code
barbare consistait en de misérables recettes, elle mar-
chait en aveugle au sein des ténèbres les plus profondes. Voulait-elle s'appuyer sur l'autorité des livres
existans? elle était de plus en plus égarée par les in-
digestes traités de Bouthillier (1), de Vincent de
Beauvais (2), de ce Charles Estienne qui regardait
comme chose essentielle que le cultivateur ne sût ni
lire ni écrire (3), de Jean Liebaut (4), dont le la-

(1) Somme rurale. Ce livre date de l'an 1360.

(2) Miroir général, *Speculum majus*, liv. IX à XV et liv. XI
de son Miroir scientifique, *Speculum doctrinale*, imprimés
en 1473.

(3) Agriculture et Maison rustique; Paris, 1564, in-4.
C'est la traduction française de son *Prædium rusticum*, imprimé dix ans auparavant, in-8.

(4) Il était gendre de Ch. Estienne. En publiant la traduction du *Prædium rusticum*, que son auteur n'eut pas le
temps d'imprimer, il y ajouta un grand nombre de chapitres omis ou traités superficiellement.

borieux LIGER reproduisit si long-tems les pages insignifiantes (1). BERNARD PALISSY osa, dès 1580, lui donner une direction sage, essentiellement productive. Dans cette œuvre pie il sut braver les menaces des grands et les torches du fanatisme pour pénétrer les secrets de la nature, tenter d'amener à des applications utiles les esprits que de malheureuses disputes théologiques absorbaient entièrement, et forcer les bras, qu'armait la guerre civile dont les rigueurs démoralisaient pour long-tems, à revenir au premier des arts, qui console, enrichit et centuple les ressources des états (2).

Vingt ans plus tard OLIVIER DE SERRES agrandit l'œuvre de l'illustre potier des environs d'Agen : il élève un monument durable à la science agronomique par la publication de son *Théâtre d'agriculture et mesnage des champs* (3). Le titre de ce livre, son style simple à la portée de toutes les intelligences, ainsi que l'excellence des pratiques qu'il expose, des préceptes qu'il infuse dans toutes les têtes, fixèrent aussitôt les yeux des propriétaires ruraux, de ceux qui, journellement adonnés aux travaux rustiques, désiraient perfectionner et doubler

(1) Il fit paraître cette compilation sous mille formes différentes.

(2) OEuvres, publiées par FAUJAS DE SAINT-FOND et GOBET; Paris, 1777, in-4.

(3) La première édition a paru à Paris en 1600; les autres se sont suivies très-rapidement, en 1603, 1605, 1608. La dernière a été publiée en deux vol. in 4. Paris 1805.

les produits de la terre par eux exploitée. On prit plaisir à le lire, et quand on connut le noble caractère de l'auteur qui, dans un tems d'imposture, de tyrannie et d'assassinats, sut garder son indépendance, ses mains pures, et plaider la cause de la patrie, on se fit honneur de prendre ses conseils, d'imiter son exemple, de le suivre pas à pas. On voulut, en un mot, comme lui, cacher sous le sillon fertile le sang dont la terre était inondée, cicatriser les plaies profondes faites à la morale publique, et marcher droit dans la voie des intérêts de tous.

A la même époque SULLY, dont l'administration paternelle sera toujours la critique des ministres à argent, des hommes d'état bavards et serviles, SULLY proclamait hautement que *les dons de la terre sont les seuls biens inépuisables, et que tout fleurit dans un état où fleurit l'agriculture ;* il avait pris pour base de conduite cette autre vérité : *Le labourage et le pastourage voilà les deux mamelles dont la France est alimentée; ils sont pour elle les vrayes mines et trésors du Pérou ;* il mettait tout en œuvre pour arracher l'agriculture à l'état déplorable dans lequel la tenaient asservie les désordres de toutes les sortes, l'usure qu'il appelait *gain à la fin trompeur,* les impôts excessifs et mal assis.

A la voix d'OLIVIER DE SERRES et de SULLY l'on ouvre des routes sur divers points de la France; les communications des villes avec les villages entravées à chaque instant par des fondrières, des abymes nombreux et désespérans, deviennent un peu moins pénibles; les bestiaux, qui font la richesse de la ferme, et les instrumens aratoires qui servent à son exploitation, cessent d'être saisissables; quelques terres, jusqu'alors abandonnées à la stérilité, sont mises en culture ou plantées d'arbres; plusieurs lois, commandées par la force des circonstances, promettent bien d'autres avantages; mais, impuissantes comme l'époque qui les voit naître, elles ne peuvent opérer tout le bien que l'on en attendait. Le laboureur, malgré les attentions du ministre que les intrigues des hommes de la féodalité dénaturent sans cesse, le laboureur toujours en proie à la plus affreuse misère, retombe encore une fois dans l'apathie, et semblable aux bêtes de somme avec lesquelles il traîne sa pénible existence, il s'endort de nouveau abandonnant sa vie, sa femme, ses enfans, les récoltes arrosées de ses sueurs aux mains avides, aux mains cruelles d'un maître sans entrailles, dont les désirs sont des ordres, dont les ordres sont des arrêts sans appel.

Comment s'étonner que l'agriculture ne fît alors qu'en tremblant quelques pas incertains? Comment s'étonner de ne point voir le siècle adopter franchement les réformes que sollicitaient la raison, l'intérêt général et le bien particulier des familles? L'esclavage tue, et puis, il n'est pas de l'essence humaine de se débarrasser de suite des préjugés qui ont bercé son enfance, de rompre spontanément les liens de la routine et de s'élever à de meilleures destinées : c'est l'œuvre lente et très-lente du tems, c'est l'œuvre pie et continue de la liberté, de la civilisation, de la paix, du progrès manifeste des lumières. Sans l'action puissante et simultanée de ces causes, les combinaisons de l'industrie et de la prévoyance sont sans résultat; la vie paraît stationnaire comme la pensée, comme les autres facultés de l'âme; la scène demeure la même, la mort change seule les acteurs; Il faut une longue suite de généreux efforts, d'efforts soutenus pour relever, bien asseoir l'arbre de la science, quand une fois la hache du despotisme est parvenue à le renverser. Il en faut d'autres encore non moins pressans pour le voir fleurir et fructifier.

COLBERT, que le président HÉNAULT regarde avec raison comme le véritable auteur de tout le bien qui se fit au milieu de l'insupportable despotisme, de la corruption, du cynisme qui furent le véritable cachet de ce que l'on nomme fastueusement le *grand siècle;* COLBERT, dont le génie plaçait le bonheur d'un état dans l'étendue de ses relations, dans la prospérité des lettres, dans le luxe des arts, dans le nombre et l'activité des manufactures, porta le coup le plus fatal, disons mieux, un coup mortel à l'agriculture en déterminant, par les primes qu'il accordait, le laboureur à déserter les champs pour venir, au sein des villes, perdre ses mœurs, augmenter la masse des simples artisans, et devenir les machines mouvantes d'un commerce toujours précaire, toujours incertain quand il ne s'exerce point sur les productions du sol et de l'industrie nationale, d'un commerce toujours corrupteur quand il se trouve placé sous la dépendance arbitraire des étrangers.

Durant le ministère de COLBERT la situation de l'art agricole empira de plus en plus. Des guerres brillantes remplirent uniquement un long demi-siècle les fastes françaises; le caractère martial qu'elles imprimèrent à toutes les âmes, fit abandonner pour long-tems le soc modeste de la charrue, que l'on considérait à peine. Les disettes réelles ou factices de 1693 à 1714 montrèrent l'absurdité du système adopté, tout ce qu'on devait attendre des entraves mises au commerce des grains; on en rougit un instant et l'on permit leur libre circulation, mais trop de gens ayant intérêt à l'existence des abus, et des lois oppressives, on revint de suite aux prohibitions désastreuses : aussi, tandis qu'une partie de la France regorgeait de subsistances tombées à vil prix, l'autre était livrée sans pitié aux horreurs de la famine. Pour comble de malheur parut cette loi trop vantée sur les forêts (1), qui, au lieu de prévenir le déboisement dont nous sommes encore pour long-tems les victimes, mit à nu nos rochers et remplaça d'antiques futaies par de chétives bruyères, par de vastes landes improductives.

Lorsque l'hiver rigoureux de 1709 eut détruit par ses gèls et dégèls successifs et coup sur coup,

______

(1) Celle du 13 août 1669. Le mode unique d'exploitation qu'elle consacre, celui *à tire et aire*, ou *à blanc*, a causé tous les désordres dont on veut accuser les grands événemens politiques de notre âge.

presque toute la végétation au nord comme au midi, qu'il eut ouvert les troncs séculaires des chênes, des noyers, des châtaigners, on mit en question, qui le croirait? si le vieux blé pouvait germer; on abandonna *par ordre* les arbres frappés de la gelée, sur qui un simple émondage aurait suffi pour rappeler la sève; d'après l'avis des cultivateurs de cabinet, on condamna à la plus hideuse stérilité les terres qui n'étaient point consacrées à la culture des céréales, et l'on frappa de la dîme jusqu'aux grains insolites, dont le semis dépassait le sixième de la propriété en état d'exploitation.

Telle était la situation agricole de notre patrie, alors que l'esprit humain brillait d'une gloire superbe, alors que les beaux arts et les lettres atteignaient une si haute perfection, et que la philosophie éclairée par le flambeau de DESCARTES, de GALILÉE et de NEWTON, repoussait les nuages noirs accumulés depuis des siècles sur notre horizon, par l'ignorance et la main de plomb du sacerdoce.

Bientôt parut la secte trop décriée des Économistes, secte respectable malgré l'exagération de quelques-uns de ses principes. Le but de son institution était excellent, les écrits utiles qu'elle sollicita, les récompenses qu'elle fit porter sur la charrue, produisirent d'importans résultats. Elle sut appeler et fixer l'opinion sur le véritable système de la richesse des nations, en tournant toutes les pensées vers l'agriculture, et en conduisant, pour ainsi dire, à leur insu, les propriétaires dans les champs qu'ils avaient désertés. Par une fatalité presque insurmontable , le mal est toujours à côté du bien ; ces bons citoyens mirent hélas ! la plume en main à une foule de mercenaires , qui se crurent appelés à la réforme agricole parce qu'ils étaient parvenus à échafauder et coudre ensemble quelques idées vraiment bonnes , vraiment neuves qu'ils empruntaient à d'autres; mais, écrivains sans connaissances pratiques , mais compilateurs par métier, plus partisans de vues spéculatives que versés dans les méthodes analytiques qui conduisent aux découvertes réelles; ils annoncèrent des résultats surprenans, des phénomènes extraordinaires, qu'ils appuyèrent de calculs boursoufflés, et partant de ce point essentiellement empyrique pour étendre leurs systèmes, pour tout amener à l'idée fixe qui les préoccupait, ils dictèrent des lois générales à l'art de cultiver, sans se douter aucunement qu'elles doivent varier selon la nature des sols, selon les climats, selon les besoins actuels et les localités. Ils blâmèrent tout, sans se douter que *la pratique d'un canton, toute absurde qu'elle paraît d'abord, n'est pas souvent la plus mauvaise, et que, quelquefois, quand on l'étudie sans prévention, elle est la seule convenable* (1). Ils prirent tellement l'habitude d'exagérer leurs dires, que la théorie la plus vaste, la plus lumineuse, ne fut qu'une chimère, qu'elle devint sous leur plume un véritable fléau.

A cette faute grave on ajouta celle de confier la

(1) Rozier, Cours d'Agriculture , t. I., p. 284.

traduction des meilleurs ouvrages anciens à des personnes tout aussi étrangères aux usages ruraux, qu'aux expressions techniques. On abusa des bons préceptes pour propager l'erreur, pour la proclamer avec un air d'importance : les nouveaux docteurs s'entourèrent d'une pompe magistrale, afin d'en imposer aux yeux vulgaires; ils descendirent en longues robes dans les laboratoires, et discoururent sur des faits mal digérés que leur jargon emphatique rendit stériles et même dangereux.

Ce ne sont, il est vrai, ni les livres quand même ils sont parfaits, ni les efforts louables de quelques individus, ni de mesquines récompenses jetées par hasard et comme par pitié, qui feront jamais fleurir le premier des arts; sa position ne pourra s'améliorer tant que le propriétaire rural ne jouira pas de la plénitude de considération légale, qui n'est, par abus du pouvoir, dévolue qu'à des titres mendiés, ou bien acquise à des hommes capables des plus viles complaisances, habitués aux bassesses de tous les genres; il languira toujours tant que le cultivateur ne trouvera pas dans l'emploi de son temps et de ses fonds une aisance honnête, je dis plus une aisance large ; tant que les baux seront de courte durée et n'offriront pas au fermier la perspective d'un avenir assuré, le remboursement de ses avances, le juste salaire de ses travaux et de ses améliorations; enfin il déclinera nécessairement tant que des impôts énormes, et plus encore mal répartis, viendront frapper sur les productions utiles et tarir les sources de l'industrie agricole.

Cependant, la véritable agriculture pratique re-
naît tout-à-coup de ses propres cendres ; les doctrines avouées par la tardive expérience se font jour
dans un bon nombre de têtes, la corvée et la servi-
tude de la glèbe sont abolies. On voit alors se former
des Comices agricoles, cent fois préférables à la
majeure partie de ces Sociétés, que le servilisme peuple
d'inutilités, de fonctionnaires, d'amateurs sans véritable science, et où le pouvoir ne vient jamais trouver
l'homme modeste qui pourrait l'éclairer. Les frères
DUHAMEL paient d'exemple, ils combattent les an-
ciennes méthodes, en créent de nouvelles, et écrivent en présence des faits et de l'expérience; TUR-
BILLY commence de vastes défrichemens ; Le BER-
RIAYS publie son beau Traité des arbres fruitiers (1);
DE COMBE et ROGER SCHABOL, intéressent à la culture des jardins; ils font connaître l'industrie des
habitans de Montreuil, dont on jouissait à Paris depuis cent cinquante ans, sans qu'on s'informât, sans
qu'on se doutât le moins du monde de ses procédés.
Une puissante impulsion est donnée à l'art essentiel;
tout présage qu'il va désormais marcher à l'égale
des autres sciences ; mais il est encore un grand
nombre de préjugés nuisibles à déraciner ; mais
il importe de s'emparer de l'esprit routinier, de le
façonner, de l'amener à labourer, à tailler autre-
ment que l'on a labouré, que l'on a su tailler jus-

(1) Il parut, en 1768, sous le nom de DUHAMEL DU MON-
CEAU. On lui en fait encore honneur aujourd'hui, quoiqu'il
ait avoué plus d'une fois n'y avoir coopéré en rien.

qu'ici ; il reste à compléter la faible portion du bien que l'on a fait. Il fallait pour cette grande œuvre un homme capable d'interroger le sol, de montrer ce qu'il est possible de tenter pour profiter de ses ressources, pour les étendre, pour leur donner une consistance réelle, une consistance durable, et pour fonder un mode de culture approprié aux besoins et à la nature de la terre. Il fallait un homme qui s'adressât directement à ceux qui manient habituellement la bêche et la charrue pour leur apprendre à raisonner juste, à voir clair dans leurs intérêts, et qui sût, presque à leur insu, les mettre sur la voie des pratiques susceptibles de les conduire promptement et avec certitude à un mieux être positif.

Cet homme parut au commencement du dix-huitième siècle, dans cette même cité qui avait vu sortir de son sein tant de grands génies : cet homme c'est l'abbé ROZIER ; étudions le donc dans les plus petits détails de sa vie ; voyons-le grandir avec les pensées qui fermentent dans sa tête, dans son cœur, à mesure que l'expérience les mûrit ; suivons-le pas à pas, c'est ainsi que nous pourrons apprécier le bien qu'il fit, la direction nouvelle, la direction heureuse qu'il sut imprimer à l'agriculture; c'est ainsi qu'il nous sera facile d'assigner à son nom, à ses écrits, la place qu'ils doivent occuper dans l'histoire des bienfaiteurs de la patrie. Je vais dire ses titres à la gloire, à la reconnaissance, sans rien exagérer, sans rien atténuer. Il est doux le temps employé à louer celui dont la vie tout entière est un motif constant de la plus haute admiration : et puisque c'est pour notre instruction que nous allons écrire sa biographie, tâchons d'en profiter pour nous-même et d'en extraire quelques leçons utiles pour les autres.

FRANÇOIS ROZIER naquit à Lyon le 23 janvier 1734 (1). Dès le berceau, il fut condamné à suivre la carrière du sacerdoce, un frère, venu avant lui, devant tout envahir ensuite de la loi qui consacrait le droit d'aînesse. ANTOINE ROZIER, son père, adonné au commerce de la dorure, alors très-étendu (2), ayant senti que cette disposition d'un code immoral et barbare, ne lui laissait pas l'espoir, telle peine il se donnât, telle privation il s'imposât, d'offrir une aisance suffisante à chacun de ses huit autres enfans, mit tout en œuvre pour l'accomplissement de ses devoirs de bon père, et trouver les moyens de faciliter à ses fils de s'ouvrir d'eux-mêmes, au jour propice, un chemin vers la fortune ; il

(1) La Biographie universelle, tome XXXIX, page 206, lui donne pour prénom celui de *Jean;* dans leurs notices, GILIBERT et DUGOUR le font naître le 24 de janvier. Il y a erreur de part et d'autre. Les registres de l'état civil de Lyon prouvent qu'il a reçu le nom de *François,* et qu'il est né le 23 sur l'arrondissement de la paroisse Saint-Nizier.

(2) Sous cette dénomination l'on entend le commerce des galons d'or et d'argent, qui est, avec les tissus de soie si riches et si élégans, la branche la plus féconde de l'industrie lyonnaise, celle qui témoigne le plus avantageusement du goût de ses fabricans et de ses artistes.

leur fit donner une éducation soignée, appropriée au genre de vie, aux professions industrielles qu'il était obligé de leur assigner plus tard. Cette éducation, heureux correctif de l'espèce de contrainte qu'il était forcé d'user envers eux, commença du moment que la raison put parler à leur intelligence et atteindre le but sans nuire au développement des forces physiques.

Quoique ses premières années annonçassent une pétulance extrême, *François* montra de bonne heure une grande aptitude au travail; doué d'une mémoire prodigieuse, il sut en profiter; elle lui permit de marcher plus vite que son instituteur ne le voulait. A dix ans, il étonne déjà par un goût prononcé pour les sciences d'observation, par la méthode avec laquelle il applique sa curiosité. A cet âge, où l'homme n'est encore capable de rien, il prend plaisir à jeter au feu différens corps combustibles, et à suivre attentivement les phénomènes qu'ils offrent; il demande compte à tout le monde de ce qu'il voit, et son esprit actif semble déjà réfléchir sur la valeur des réponses qu'il obtient, et combiner de nouvelles questions pour pénétrer plus avant. A dix ans encore il s'amuse à tracer avec beaucoup d'exactitude une méridienne dans sa chambre, et sait percer un carreau de vitre pour que les rayons du soleil y pénètrent sans être brisés. Ces faits, isolés dans les amusemens de l'enfance, mériteraient à peine d'être notés, tant de semblables annonces sont trompeuses, s'ils n'étaient ici, comme ils l'avaient été un siècle auparavant chez BLAISE PASCAL, l'indice certain d'une vocation bien prononcée pour le culte des sciences, s'ils ne se liaient avec la vie future de celui dont j'écris l'histoire. Ils intéressèrent les habiles professeurs du collége de Villefranche, où le jeune ROZIER trouva, dès son arrivée, dans le père MONGEZ, son parent, et surtout dans le profond latiniste VIDAL, moins des maîtres que des amis, qui se firent une joie de développer le germe des talens précoces qu'ils découvraient en lui. Guides éclairés de la jeunesse, ils surent également éviter le double écueil de l'extrême légèreté, qui ne laisse point de questions indécises, et de l'austère réserve qui n'ose rien démontrer ni rien affirmer. Ils étaient persuadés que l'obligation de celui qui enseigne n'est pas de faire le pédagogue, encore moins de convertir en monopole, et d'user en de longues et fastidieuses études la plus riante époque de la vie, mais bien de se mettre constamment à la portée de l'intelligence de ses auditeurs, de choisir ses propositions, ses réflexions, ses expériences, dans les objets les plus familiers, d'en exposer avec clarté les motifs et les résultats. En effet, rien n'est plus propre à étouffer l'émulation, à désespérer le génie à son aurore, que de fatiguer l'esprit par des abstractions oiseuses, à des recherches au-dessus des forces morales et physiques : il en est de même quand, par des éloges outrés et intempestifs, on abuse des dispositions les plus heureuses.

Les études du jeune ROZIER furent d'abord diri-

gées vers les belles-lettres, qui ornent l'esprit et
rendent la pensée plus vive, plus brillante; sa marche
fut rapide et toujours couronnée par le succès; on
le ramena peu à peu vers ses goûts naturels en lui
faisant admirer Lucrèce et Virgile, moins comme
poëtes que comme philosophes. Le premier résume
les opinions de la haute antiquité sur la nature des
choses; le second peint à grands traits les délices de
la campagne, que rendent plus enivrans les utiles travaux du laboureur. Rozier ne prit de la littérature
que ce qu'il en faut pour ajouter aux agrémens de
la vie; il veut, il cherche, il s'attache avec ardeur aux sciences positives, parce qu'elles ouvrent
les voies solides du bien, du vrai, parce qu'elles
fournissent les élémens de la prospérité des nations
et qu'elles donnent une existence toute particulière
aux faits bien observés.

Après avoir terminé ses humanités, il se rendit
au séminaire Saint-Irénée de Lyon, pour y compléter
son éducation. Là, les sciences naturelles le sédui-
sirent tellement qu'il oublia la destinée future qu'on
lui avait imposée, et n'apprit de la théologie que ce
qu'il lui en fallait absolument pour prendre l'habit de
prêtre et obéir ainsi aux volontés paternelles. La
franchise de son caractère, le penchant décidé qu'il
avait pour l'investigation des mystères de la physique expérimentale et l'analyse des corps ne per-
mirent pas au jeune Rozier de faire plus. Heureusement, les éloges qu'il entendit, le noble avenir qu'on
lui fit entrevoir pour son fils, ôtèrent au père la

force d'exiger davantage, et, satisfait, du haut degré
d'intelligence dont la nature avait favorisé le jeune
écolier et des espérances brillantes qu'il donnait, il
s'endormit du sommeil éternel en 1757.

Ce fut à cette époque que ROZIER quitta, non
sans regrets, les écoles où il avait trouvé tant de lumières; où, libre de disposer de nombreux instrumens, il pouvait approfondir les lois du mouvement,
l'action des corps les uns sur les autres, comparer
et décrire les objets de ses observations, et pénétrer
dans la structure intime des diverses substances
soumises à son examen. Il y avait contracté l'habitude de ces inspirations qui fournissent des vues
nouvelles et préludent à d'utiles découvertes. Là
mort de son père l'affecta vivement. On tenta de
profiter de sa douleur pour l'attacher définitivement
à la vie monacale et scolastique; on mit en jeu la
séduction si puissante aux jours malheureux, on
employa tous les moyens de réussir : les Jésuites, sous
ce point de vue, sont passés maîtres. On espérait
beaucoup de la complaisance avec laquelle la jeunesse,
docile aux impressions qu'elle reçoit, écoute, embrasse avec enthousiasme et chérit la voix qui lui
parle avec bonté, qui l'éblouit par des épanchemens
simulés, par des promesses qu'elle ne tiendra jamais.
Cette âme sensible et confiante allait s'abandonner
toute entière, quand la raison, sentinelle adroite,
l'avertit heureusement du piège qu'on lui tend ; Ro-
ZIER s'arrête au bord du précipice et sait conserver
sa liberté, le plus grand de tous les biens, celui sans

lequel il ne peut en exister d'autres, celui surtout qu'il est le plus difficile de recouvrer lorsqu'une fois on l'a perdu.

Maître de toutes ses facultés, il s'empresse de rassembler ce qui pouvait satisfaire sa docte curiosité; il va partout; des bibliothèques il pénètre dans les cabinets de physique, de l'atelier de l'artiste habile il passe dans les laboratoires, pour aller ensuite consulter un herbier. Mais il lui fallut s'arrêter au milieu de ces spéculations philosophiques; il s'aperçut qu'il ne pouvait plus acquérir ces auxiliaires créés par l'industrie pour étendre la sphère de nos connaissances; la somme qui lui était échue en partage, quoique réunie à celle de JEANNE-AIMÉE, sa sœur chérie (1), de cette excellente sœur qui prenait tant de plaisir à partager ses études et ses recherches, se trouvait en grande partie épuisée en achat de livres, de machines, ainsi qu'en essais. Pour se mettre à l'abri du besoin qui déjà le menace, il va prier son frère aîné de le charger de la régie et exploitation du domaine assez considérable de Sainte-Colombe en Lyonnais, situé au bourg de ce nom, sur les bords rapides du Rhône et en face de cette cité de Vienne, dont les vieux monumens redisent les vastes souvenirs des Allobroges, de Rome et des colonies militaires sorties à diverses époques de l'âpre Scandinavie. La proposition fut acceptée, et voilà

. (1) Elle était née le 7 octobre 1732. Elle est morte dans l'année 1805.

lè jeune abbé Rozier devenu fermier d'une terre sur laquelle il avait des droits de famille; le voilà simple locataire dans une maison où il avait sucé le lait maternel et pris goût aux habitudes champêtres. Il vient y vivre auprès de ces bonnes gens sans tache, comme sans illustration, qui font jaillir de la terre les sources intarissables de la véritable richesse et d'une longue prospérité.

L'agriculture fut dès-lors son occupation de tous les instans. Il étudie l'influence du climat, des engrais et des labours sur les végétaux qui croissent sous ses yeux, sur ceux appelés à servir d'alimens à l'homme et aux animaux, ses premiers serviteurs. Sans rejeter les notions que lui apporte la modeste pratique, ni les faits consacrés par le temps, quoique dénaturés par une routine ignorante et entêtée, il veut établir ses opérations sur l'examen approfondi des lois de la nature dans la production et l'accroissement; il veut, par l'heureuse alliance de l'histoire naturelle, de la chimie et de la physique, marcher à d'utiles conquêtes et augmenter la valeur du sol qu'il exploite au profit d'un autre. Le domaine de Sainte-Colombe est aussitôt transformé en un vaste laboratoire; là, dans le silence du recueillement, Rozier interroge sans cesse la terre, il l'épie dans son travail, dans ses secrets, il interprète ses réponses par les résultats qu'il obtient, mais il le fait de bonne foi, sans chercher à les soumettre aux calculs de l'imagination, sans les obliger à plier sous le joug d'un système préconçu. « Ce n'est pas, comme

» il l'a dit, en voulant toujours en savoir plus que la
» nature que l'on arrive à ces révélations impor-
» tantes ; on peut la maîtriser quelque temps en la
» contrariant, mais elle renverse bientôt l'édifice
» mensonger pour reprendre sa marche régulière. »

Les connaissances botaniques qu'il avait acquises
en étudiant un herbier formé sous les yeux de Bernard de Jussieu (1) ne lui paraissent plus suffisantes : ce n'est point, en effet, sur la nature morte,
sur des échantillons arrangés par la main la plus habile et pressés dans des cartons, que l'on peut saisir
la physionomie d'une plante, connaître son port,
ses habitudes, apprécier ses propriétés, les liens ca-
chés qui l'unissent à ses congénères, les circonstances
particulières qui distinguent une espèce d'une autre,
et rapprochent la variété de son type essentiel. C'est
dans ses courses d'abord, en compagnie de Bert, chi-
rurgien de Sainte-Colombe, ensuite avec ses amis
Gilibert et de la Tourette, que Rozier apprend
à voir les plantes indigènes sous leur véritable aspect ; c'est dans ses cultures qu'il entrevoit s'il est
possible de leur donner de plus larges destinations.
Les notions chimiques qu'il avait puisées dans les
livres et étendues auprès de son camarade, de son
bon ami le docteur Villermoz, le mirent en état de
perfectionner ce tact délicat et sûr que lui avaient
fourni ses travaux en physique ; elles l'aidèrent à pé-

(1) Gilibert, dans sa notice sur Rozier, page lxj, dit
que cet herbier appartenait à un chanoine de Saint-Paul de
Lyon.

ser à leur juste valeur les méthodes de cultures suivies par les personnes placées sous ses ordres. Les
termes de comparaison qui lui manquaient, il les
demandait aux bons écrivains qu'il compulsait, qu'il
interrogeait sans cesse. Il rapprochait entre eux les
faits qu'il empruntait à VARRON, à COLUMELLE, à
OLIVIER DE SERRES et aux livres qu'il estimait le
plus parmi ceux publiés depuis celui du patriarche
de notre agriculture nationale.

Éclairé de la sorte par la pratique de tous les
jours et par la méditation avec laquelle il était fa-
miliarisé, il lui fut aisé de saisir les anneaux de la
longue chaîne que forment entre elles toutes les
sciences humaines, et de puiser dans les résultats
d'observations exactes de nouveaux faits capables
d'élargir la sphère de ses expériences journalières,
propres à féconder les idées qu'elles lui inspiraient.
Un temps aussi bien employé ne pouvait qu'amener
à des succès remarquables. Chaque année ROZIER
vit en effet les champs confiés à ses soins couverts
de moissons abondantes et sagement variées, le vin
de la Chapuise et de la Tivarde (1) acquérir plus de
délicatesse et de parfum, les oliviers fournir une
huile comparable par sa bonté, sa saveur et son lim-

(1) Ces deux vignobles ne forment qu'un seul clos à Saint-
Cyr-les-Sainte-Colombe; la Tivarde, qui donne un vin su-
périeur, est plantée à mi-coteau, dans un rocher divisé par
la mine et brisé avec la masse de fer; la Chapuise est au-
dessous, sur un sol moins pierreux. Ce clos appartient encore aujourd'hui à la famille de ROZIER.

pide fil d'or aux huiles les plus justement réputées.
Il vit les nombreux mûriers qu'il avait plantés (1)
fournir de belles récoltes à ses vers-à-soie, les bêtes
à laine se couvrir de toisons précieuses, le bétail
augmenter la masse des fumiers et satisfaire à tous
les besoins de la ferme.

En s'acquittant ainsi avec zèle et avantage des devoirs attachés au poste qu'il occupait, Rozier savait
en même temps, par son affabilité, la prudence et une
fermeté sans tyrannie, associer toutes les têtes et tous
les bras à la direction nouvelle donnée aux travaux;
il prévenait la plainte et le découragement en payant
de sa personne, en soutenant la bonne volonté par
des récompenses accordées à propos et avec justice.

Il avait à peine ébauché ce qu'il appelait sa vie
expérimentale qu'on le citait déjà comme un heureux novateur. Il songeait aux moyens d'élargir le
champ de son éducation agricole, quand Bourgelat
jeta dans un des faubourgs de Lyon les fondemens
de la première École vétérinaire : c'était en 1761,
année mémorable par les nombreuses associations
qui se chargèrent d'elles-mêmes du soin de veiller à
l'avancement et à la perfection du premier des arts,
de même qu'au soulagement de ceux qui l'exercent.
A cette nouvelle, Rozier, à qui rien d'intéressant
pour l'agriculture ne peut plus être étranger, accourt prendre place parmi les élèves venus de toutes

(1) La plupart subsistent encore.

les parties de la France, de la montueuse Helvétie, de la Bavière, et même de la Prusse, nouvellement inscrite au nombre des États politiques de l'Europe. L'élève est bientôt l'ami du maître, qui admire en lui la variété et la solidité des connaissances.

Les succès vraiment extraordinaires de l'École vétérinaire de Lyon imposent non-seulement silence à ces esprits sombres que l'existence du bien effarouche et révolte et qui prennent à tâche de dénigrer à leur origine toutes les fondations utiles, mais ils commandent encore au gouvernement le besoin d'établir d'autres écoles sur le même plan. Une seule cependant fut placée à Alfort, non loin du confluent de la Marne avec le grand fleuve qui traverse Paris. BOURGELAT y fut appelé, et la direction de l'école de Lyon remise, à sa demande, en 1763, aux mains de celui qu'il flattait alors du doux nom d'ami.

Fier de cette honorable distinction, ROZIER mit tout en œuvre pour soutenir, pour accroître la gloire naissante de l'école-mère, et pour lui donner de nouveaux droits aux choix des élèves. Sans cesser d'être le même auprès de ceux qui, peu d'instans auparavant, étaient assis avec lui sur les bancs, il veut encore leur servir de père à tous. Il s'occupe de leurs besoins physiques et moraux; il veille au bien-être de chacun, et supplée les maîtres quand la maladie ou de pressans intérêts de famille ne leur permettent pas de remplir leurs chaires. Il aimait à présider à tous les exercices, afin d'entretenir une noble émulation. Sa vigilance active et sévère prévenait les désordres, maintenait la paix parmi les nombreux disciples, et la plus austère régularité dans toutes les parties de l'administration ; la justice était acquise à quiconque la réclamait. Comme il assistait plus régulièrement aux cours d'hippiatrique et à celui d'anatomie, il parvint en peu de temps à se rendre familiers les principes et les détails de ces deux sciences. Il prenait plaisir à rapprocher l'anatomie des animaux de celle de l'homme (1), et à puiser de larges lumières dans la pathologie humaine, pour mieux guider les pratiques de la pathologie vétérinaire.

En 1764, Rozier fonda dans l'école un jardin botanique et se fit une douce obligation d'initier lui-même les élèves dans la connaissance des plantes, dans l'étude de leurs propriétés et des ressources qu'elles présentent à l'économie rurale, à la médecine et aux arts domestiques. A l'instar du directeur, que tous respectent et chérissent, chacun remplit ses devoirs, plus par besoin, plus par une douce habitude, que par suite d'une obligation imposée. Aussi l'école vétérinaire de Lyon jetait-elle un brillant éclat ; on s'y rendait même de préférence à celle d'Alfort, où cependant professaient D'Aubenton, l'ami, le collaborateur du peintre sublime de

(1) Entrevue par le vaste génie d'Aristote, cette science, que montre l'unité de composition de tous les animaux, a reçu la vie des mains de G. Cuvier lorsqu'il recréa les animaux des âges perdus à la suite des grandes catastrophes de la terre.

la nature, BROUSSONNET, dont plus tard on paya si cruellement les vertus civiques et les éminens services rendus aux sciences, VICQ-D'AZYR pour qui la médecine, l'art vétérinaire, l'anatomie comparée, n'eurent point de secrets, et l'éloquent FOURCROY qui sut populariser la chimie et décider des progrès gigantesques qu'elle a faits depuis.

Tant de gloire justement acquise et si bien consolidée effraya BOURGELAT; il crut sa réputation éclipsée. Jaloux à l'excès des témoignages éclatans que chacun s'estimait heureux de rendre aux vertus, aux talens, à l'administration sage et éclairée de ROZIER, il céda à toute l'irascibilité de son caractère impérieux, il outragea l'amitié, et employa pour lui ôter la direction de l'école, la même ardeur dont il avait usé deux années auparavant pour la lui obtenir. Le ministre BERTIN se prêta lâchement à cet acte de la plus épouvantable frénésie. Le brevet de ROZIER fut révoqué par lettre de cachet, et, pour en rendre le coup plus poignant, des ordres furent donnés pour que cette destitution eût lieu en présence de toute l'école et avec un appareil jusqu'alors inouï. L'on obéit : tout pliait, tout rampait alors devant un ministre, tout était alors le servile instrument de l'arbitraire : le pouvoir parlait, et l'encens brûlait sur son autel, tandis que l'opprimé ne trouvait pas même un léger appui dans les lois. Cependant l'indignation soulève toutes les âmes, l'école entière frémit d'une sainte horreur : à tant de perfidies, à tant d'iniquités, chacun des élèves se sent outragé dans la personne vénérée de son chef et veut partager la proscription qui le frappe ; chacun se retire laissant empreints sur les murs le dégoût et la haine contre les auteurs d'un acte aussi révoltant. De son côté, incapable de s'abaisser aux honteuses sollicitations que Bourgelat et Bertin attendaient, Rozier seul, impassible, reçut de sang-froid le coup qui le frappait. Il supporta les outrages comme Aristide reçut le ban de l'ostracisme, comme Régulus s'arrachant aux bras de sa famille éplorée pour livrer sa tête aux Carthaginois, comme Sydney et Malesherbes, comme les quatre jeunes sergens de la Rochelle montèrent à l'échafaud. Il avait pour lui sa conscience, la certitude du bien qu'il avait fait, les touchans témoignages de ses élèves. Ce qui surprit le plus dans cette pénible circonstance, ce fut moins la basse complaisance d'un ministre abusant de l'autorité remise en ses mains que l'acharnement de Bourgelat, qui naguère avait donné de lui l'opinion la plus honorable en quittant pour toujours le barreau du parlement de Grenoble, où, comme avocat, il venait de gagner une cause qu'il reconnut ensuite être injuste, en brûlant cette robe et cette toge témoins et complices d'un triomphe qui le faisait rougir. Mais de quoi ne sont point capables l'envie et la jalousie ? à quels méprisables excès n'entraînent pas l'ambition, un sot amour-propre, l'ingratitude, le pédantisme et le cruel plaisir d'humilier l'homme modeste, de stygmatiser celui qui se dévoua de bonne foi, sans restriction aucune, à la cause publique ?

Rozier revint aux champs pour y trouver les moyens de combler le déficit ouvert dans ses modiques revenus par suite des sacrifices qu'il s'était imposés dans l'intérêt de la science, et par suite des avances par lui faites à l'école, avances qu'il était réservé à la mauvaise foi de lui contester et de le dépouiller. Il y revint pour y jouir de l'indépendance, s'arracher à ces prétendues consolations verbeuses qui ne font qu'aigrir, et surtout pour tirer parti des nouvelles connaissances qu'il avait acquises.

Ce fut dans la retraite de Sainte-Colombe qu'il mit la dernière main à ses leçons de botanique. Elles parurent en 1766 sous le titre de *Démonstrations élémentaires de Botanique*. La brillante réforme apportée à cette science par le génie de Linné se faisait jour partout; la langue qu'il avait créée donnait à tous les observateurs la faculté de s'entendre des points divers du globe, d'exprimer d'une manière uniforme et concise les caractères des êtres qu'ils étudiaient. Cette langue et l'ingénieux système sexuel remplissaient d'enthousiasme les nombreux adeptes, et répandaient sur l'étude des plantes, en particulier, un charme nouveau. Rozier fut un des premiers en France à adopter la nouvelle nomenclature; il saisit avec avidité l'occasion de rendre hommage au philosophe suédois, et conçut l'heureuse idée de marier ensemble les méthodes de Tournefort et de Linné (1).

(1) Quatre ans après, en 1770, le docteur J.-B. Lestibouois, de Lille, à, pour rendre cette fusion plus sensible à

Comme on le sait, le botaniste d'Aix distribue les plantes par groupes établis non-seulement sur la présence ou sur l'absence de la corolle, cet organe étant celui qui, par son brillant aspect, flatte le plus l'œil, en même temps qu'il fixe davantage l'attention, mais encore sur les parties de la fructification les plus apparentes et dont les usages sont mieux connus, tandis que le botaniste d'Upsal s'empare des étamines et des pistils, dont la nature, le nombre, la position, les proportions et les noces visibles ou secrètes lui servent à créer un système, au moyen duquel tous les végétaux connus ou à découvrir viennent franchement, sans confusion et pour ainsi dire d'eux-mêmes, se ranger à la place qui leur est propre. Une semblable association aida singulièrement à la science; elle contribua d'une manière facile, prompte, agréable, à répandre le goût de la botanique, et à donner plus d'attraits, plus de vrais délices aux heures employées aux herborisations, à la culture des plantes. Les deux méthodes réunies conviennent aux localités rétrécies; elles sont indispensables aux néophites; plus tard, quand ils auront beaucoup vu, beaucoup recueilli, beaucoup comparé, ils apprendront avec les JUSSIEU et ceux de leurs disciples les plus sages à connaître les affinités, à étudier les créations végétales sous le plus grand nombre de points de vue possibles, sous ceux si in-

tous les yeux, publié une carte où tous les genres créés par les deux célèbres botanistes sont, par des figures gravées avec soin, mis en rapport les uns avec les autres.

.téressans de leurs..rpports entre elles; de leurs relations avec les autres êtres, de leur distribution
géographique, et de leurs applications aux arts, à
l'économie rurale et domestique.

Dans la même année 1766, la Société d'agriculture de Limoges provoqua, pour l'année suivante,
l'indication de la *manière de brûler ou de distiller les vins la plus avantageuse, relativement
à la quantité de l'eau-de-vie et à l'épargne des
frais.* Rozier prit part au concours, il obtint la
palme, il la méritait réellement. Son Mémoire est
plein de faits curieux, d'observations fines et impor-
tantes. Il examine les principes constitutifs du vin,
les moyens de les rapprocher durant la fermentation
tumultueuse et la fermentation insensible qui suit et
complète la première, afin de rendre cette liqueur
plus généreuse, et par conséquent plus riche en alcool, en couleur, en parfum. Cette théorie, qui a
préparé la révolution œnologique, le nouvel art de
faire le vin que nous avons vu commencer dans les
vignobles célèbres d'Aï et d'Épernai, forme la première partie de son travail. La seconde est consa-
crée aux procédés à suivre pour obtenir beaucoup
d'eau-de-vie de qualité supérieure, et le faire simple-
ment et pour ainsi dire sans frais. Sous ce dernier
rapport, l'art de la distillation a reçu de grandes et
nombreuses améliorations depuis 1801, par suite de
l'appareil inventé par Édouard Adam, de Nismes,
au moyen duquel il retirait de l'alcool du vin par
une seule opération, et le portait au degré de force

des esprits les plus rectifiés du commerce ; et depuis
1805, par l'adoption du condensateur, exécuté par
Isaac Bérard, du Grand-Callargues, lequel, outre
l'avantage de pouvoir s'adapter sur-le-champ à toutes
les constructions déjà employées, offrait celui de
convertir la liqueur vineuse, par une seule opération et à la volonté du fabricant, soit en eau-de-vie
preuve dite de Hollande, soit en esprit *deux-cinq*
ou en *trois-six*, selon l'expression d'usage. C'est en
considérant la marche gigantesque de la science qu'il
me suffit d'indiquer seulement les tentatives heureuses faites par Rozier trente-cinq ans auparavant.

Pendant qu'il écrivait son Mémoire, cet homme
infatigable conçut le projet de rédiger d'abord une
Statistique des vignobles situés sur les riches co-
teaux qu'arrosent la Saône, le Rhône et la
Loire (1), puis de faire l'histoire de la vigne en
France, et de donner sur cette branche de l'économie rurale un traité complet, digne du sujet et de
l'époque à laquelle il le destinait. Il vint en consé-
quence à Lyon pour s'y livrer à des recherches bi-
bliographiques, susceptibles d'étendre ses idées et de
voir toutes les lacunes qu'il aurait à remplir.

Ce fut durant son séjour en cette ville, dans l'année 1768, que Rozier se lia d'amitié avec J.-J. Rousseau, qu'ils herborisèrent ensemble sur les rives en-
chantées de la Saône, au Mont-Pila, dont le sommet

(1) Voir son Mémoire couronné, pages 61 et 84. Ses notes ont été publiées depuis, mais sous un autre nom.

est sans cesse couvert do nuages, au Mont-d'Or, la seconde patrie des chèvres ; et jusques aux rochers sourcilleux des Alpes, où se balance le pin, vainqueur des aquilons , où le mélèze, le géant des arbres forestiers de l'Europe, monte rapide au-dessus des précipices creusés par le noir torrent jusques aux grottes glacées de cette Chartreuse qu'annoncent au voyageur les eaux bondissantes du Drac et de l'Isère, et que précède la belle et industrieuse vallée du Graisivaudan. Les plantes de ces sites pittoresques servirent à cimenter l'union cordiale des deux philosophes, qui portaient une âme également douce , une conscience pure, passionnée pour les études utiles, rêvant sans cesse le bien-être des peuples , et contribuant par leurs écrits à le préparer d'une manière durable. Leur amitié fut de longue durée et demeura sans tache. ROUSSEAU parlait toujours de notre agriculteur avec un sentiment d'estime (1); ROZIER vénérait dans l'auteur de l'*Émile* et du *Contrat social* l'homme le plus extraordinaire de son siècle, l'écrivain le plus véritablement ami de la liberté, et le plus digne d'en proclamer les bienfaits, d'en défendre les droits. ROZIER, l'accompagnant dans toutes ses courses botaniques aux environs de Lyon, le conduisit jusqu'à Sainte-Colombe. Un jour que plusieurs personnes vinrent y demander l'amicale hospitalité, ROUSSEAU ne voulut point se laisser

______

(1) Lettres à DU PEYROU, datée de Lyon, le 6 juillet 1768, et à LA TOURETTE, datée de Paris, le 28 janvier 1772,

voir et dîna seul dans la serre aux orangers. Ce mouvement de sauvagerie fut respecté par ROZIER ; il savait que son illustre ami redoutait les visites inattendues : une imagination ardente que l'on avait aigrie par des injustices, par des calomnies, par de sourdes persécutions, ne lui laissait ni le temps ni la force de résister à ses premiers avis. D'ailleurs, persuadé comme il l'était qu'il est rare d'être content de la personne dont on admire les écrits, soit parce qu'on en exige trop, soit parce que l'on aime à surprendre quelques défauts dans ceux dont on est contraint de reconnaître la supériorité, ROUSSEAU avait raison de se dérober à la curiosité frivole, aux ennuyeuses bagatelles des cercles, au langage fade et toujours mensonger des complimenteurs : c'est pour eux que le savant, que l'homme ennemi de l'oisiveté, doit avoir du sombre dans le caractère, de la rudesse dans les formes : les épanchemens du cœur et de l'esprit ne sont dus qu'à l'amitié, ce bien si rare, dont tant de gens abusent malheureusement.

Le départ de ROUSSEAU rendit ROZIER à l'entreprise commencée. L'année 1769, si funeste aux vignes par les fortes gelées des 7, 8 et 9 octobre, lui fournit une foule de remarques précieuses. Chargé de notes pleines d'intérêt, il apprend que l'Académie de Marseille propose pour sujet du prix qu'elle veut décerner, en 1770, la question de savoir : *Quelle doit être la meilleure manière de faire et de gouverner les vins de l'ancienne Provence, soit pour l'usage, soit pour leur faire passer les mers ?*

Rozier lit le programme, résout la question, et reçoit la couronne promise. Comme son Mémoire a servi de texte aux meilleurs écrits publiés jusqu'ici sur la vigne; comme de larges emprunts lui ont été faits, tant en France qu'ailleurs, sans qu'on ait payé à l'auteur le tribut qu'il avait droit d'attendre, nous allons en faire connaître le plan et les moyens.

Neuf chapitres divisent ce Mémoire. Les deux premiers traitent du sol et de l'exposition propres à la vigne, ainsi que des soins que le vigneron doit apporter dans le choix des ceps ; les deux suivans lui font voir, par l'examen de la grappe et de l'état atmosphérique, le temps le plus convenable pour cueillir le raisin, comment il lui faut le déposer dans la cuve, et le traiter avant, pendant et après la fermentation, selon que la vendange a été faite sous l'influence solaire ou durant la pluie. Ici Rozier recommande l'égrappage, ou du moins de remplir la cuve dans la journée, de fouler exactement et de couvrir. Dans le cinquième chapitre, l'auteur s'occupe des expériences à tenter pour connaître le degré de force acquis par la liqueur durant ce mouvement, que l'on regarde à tort comme spontané et qu'on appelle fermentation tumultueuse. Dans le sixième, il indique la manière de soutirer, le choix à faire pour les tonneaux et autres vases, comment et quand il importe de les remplir. Rozier rejette les cuves en pierre ou en maçonnerie employées dans le Midi et construites dans les caves; il leur préfère les foudres en bois, qu'il conseille de placer dans des celliers bien clos, comme le moyen de perfectionner le vin et de prévenir les effets de la gelée durant les hivers longs et rigoureux. Il observe, en passant, que le froid ne donne pas au vin une consistance solide comme à l'eau, parce que l'alcool ne gèle point. « La partie aqueuse du vin se condense, dit-il, et ses glaçons sont feuilletés, l'alcool reste dans l'interstice qui les sépare les uns des autres. Si l'on perce le tonneau dans sa partie inférieure, on retire toute l'essence du vin ; la glace ne fournit qu'une eau plus ou moins colorée. » Le septième chapitre traite de la conduite du vin depuis l'instant que la bonde clot la futaille jusqu'au mois de mars, époque du soutirage. Les deux derniers chapitres indiquent l'action de l'air sur le vin, les qualités qui constituent une bonne cave, et les moyens à suivre pour y perfectionner la liqueur, même avec économie ; enfin il fait connaître quels soins les vins réclament lorsqu'ils sont destinés à voyager sur mer, et les procédés les plus faciles pour saisir le moment où le précieux liquide tend à l'acidité, ou, comme on dit, à la pousse, afin de ne pas en risquer le transport, qui en hâterait la ruine complète.

Relativement au gouvernement des caves, notre auteur s'étonne du peu d'attention que les propriétaires et les architectes donnent à leur construction et à leur distribution. Pour qu'elle soit propre à contenir du vin, une cave ne doit point être placée près d'une rue tourmentée par le passage fréquent des voitures ni d'ateliers où le bruit est habituel. Les secousses réitérées que les tonneaux éprouvent empêchent la liqueur de s'éclaircir ; elles la tiennent dans une agitation continuelle qui dérange la fermentation insensible, l'augmente, la précipite, et accélère la décomposition par une recombinaison perpétuelle de la lie. Et à ce sujet, Rozier cite deux exemples qui lui sont personnels. Outre une situation tranquille, il demande pour une cave de la profondeur, une sécheresse convenable, une voûte élevée, des jours placés au nord, éloignés des murs capables de réfléchir les ardeurs du soleil, et garnis d'abats-jours que l'on ferme selon l'occurrence. *C'est la cave qui fait le vin*, dit un vieux proverbe : en effet, moins une cave est sujette aux oscillations du sol et aux variations de l'atmosphère, mieux et plus vite la liqueur s'y perfectionne. Une cave humide gâte le vin et pourrit les tonneaux.

Quand Rozier fit imprimer ce Mémoire sous ses yeux, il y joignit trois dissertations qui en forment le corollaire. La première indique les moyens propres au renouvellement d'une vigne, tout en montrant les vices des méthodes suivies jusqu'alors et les avantages que promettent au vigneron la substitution des plants de choix à ceux de médiocre qualité, qui donnent trop ou pas assez, l'emploi d'une petite quantité de fumier, celui de bons échalas, et d'un provignage fait avec soin.

La deuxième dissertation traite des propriétés physiques de chacune des parties de la vigne depuis la racine jusqu'aux feuilles, aux fleurs, aux grains du raisin : c'est un traité spécial de physiologie fort exact.

La troisième dissertation roule sur les vaisseaux propres à recevoir, contenir, perfectionner le vin, et sur les objets qui y ont rapport. S'il était aussi facile de déraciner les préjugés que de les réfuter; la lecture de cet ouvrage entier aurait dû suffire pour élever d'un seul trait l'art du vigneron à la hauteur que le temps devait lui donner. Rozier n'a pas eu cette satisfaction; mais c'est à lui, je le répète, que la révolution œnologique est due; elle est partie de son génie, de sa plume élégante, de ses longues expériences; ceux qui sont venus après lui n'ont fait que terminer l'œuvre par lui heureusement commencée.

En 1771, Rozier vint s'établir à Paris; il acheta de Gautier d'Agoty la propriété du *Journal de physique*, entrepris en 1752 (1), et dont la publication était interrompue depuis dix ans. Son but, en donnant suite à ce recueil périodique, était de lier étroitement les savans de tous les pays, d'ouvrir entre les Académies nationales et étrangères un commerce animé d'échanges, une communication directe, intime, et plus suivie d'idées, de vues et de travaux; c'était de mettre sous tous les yeux, mois par

(1) Observations sur l'Histoire naturelle, sur la Physique et sur la Peinture, avec planches coloriées. Paris, 1752 à 1755, dix-huit parties en six vol. in-4. De 1756 à 1762 compris, Gautier, associé à Toussaint, donna à son recueil le titre de : Observations périodiques sur la Physique, etc., ou Journal des Sciences et des Arts.

mois, le tableau des découvertes dans les sciences et les arts économiques, de faire briller au grand jour les lumières et les profondes méditations jusqu'alors retenues dans les limites du cabinet; c'était enfin de répandre le goût de l'étude et celui des expériences, d'accélérer les progrès réels de l'esprit humain, d'augmenter le nombre des cultivateurs et des amis des choses utiles. L'habitude du travail que ROZIER avait acquise, son tact fin, sa profonde sagacité, ses connaissances variées lui fournirent tout ce qu'il fallait pour démêler, dans la masse des matériaux que chacun s'empressait de lui remettre, le bon, l'utile, le neuf, et pour imprimer aux archives qu'il formait le caractère honorable qui fût toujours le type essentiel de ses actions et de ses pensers. Le nouveau journal de physique parut avec le mois de juillet 1771, sous le titre de : *Observations sur la Physique, sur l'Histoire naturelle et sur les Arts et Métiers.* L'épigraphe *Inventa perficere non inglorium* et le plan de ROZIER annoncèrent au monde savant une ère nouvelle.

Cette belle entreprise, il la dirigea seul pendant dix années, ne laissant échapper aucune occasion de mettre en harmonie les connaissances acquises avec les conquêtes qui se faisaient chaque jour, conquêtes paisibles dont les résultats tendaient à l'amélioration de nos procédés, à l'extension de nos facultés morales et intellectuelles (1).

(1) Tous les articles, les mémoires et observations non signés, et ils sont fort nombreux, appartiennent à ROZIER.

Durant cet espace de temps, le cabinet de l'abbé Rozier était devenu ce que fut pour les physiciens du dix-septième siècle celui du P. Mersenne, le rendez-vous de l'Europe savante. Là, tous ceux qui cultivaient les sciences de la nature se rencontraient, se communiquaient sans crainte, comme sans réserve, leurs observations, et s'instruisaient mutuellement de tout ce qui pouvait avoir rapport à la branche des connaissances humaines, dont ils s'occupaient plus spécialement; là, tout arrivait comme au foyer commun; livres imprimés et mémoires inédits, tant étrangers que nationaux, s'y trouvaient à la disposition de chacun, parce qu'alors personne n'était habitué à s'emparer de la propriété des autres. Une correspondance amicale et étendue alimentait sans cesse la docte curiosité, développait toutes les preuves que l'on pouvait désirer sur un fait, sur une découverte, et appelait de toutes parts une saine critique, une critique amie des hommes et plus encore de l'auguste vérité.

Au milieu de tant de travaux et de distractions, Rozier savait se ménager le temps nécessaire pour suivre la pensée des grands ouvrages qu'il méditait, dont il avait préparé les matériaux. En 1774, et dans la vue d'abréger aux autres des recherches toujours pénibles, lentes, fastidieuses, il consentit à l'impression d'une table raisonnée, qu'il avait dressée pour son usage, des nombreux Mémoires contenus dans les actes de l'Académie des sciences de Paris, à partir de l'instant de sa fondation, en 1666, jusqu'à l'an 1770, ainsi que de ceux, si curieux, publiés sous le titre de *Description des arts et métiers*, et de ceux insérés dans la *Collection académique* entreprise depuis 1751 par BERRYAT, KERALIO, BARBERET et autres. Sans doute, comme ROZIER le disait lui-même, il ne faut ni génie ni le plus léger effort de l'esprit pour faire un semblable ouvrage; cependant, ainsi qu'il l'observait encore avec raison, « le maçon qui met une pierre sur une autre pierre, » et parvient de la sorte à élever un édifice, travaille » tout autant, pour l'utilité et le bien-être, que l'ar- » chitecte qui en a donné le plan, » Que demande-t-on d'une table? qu'elle soit d'une grande exactitude, simple, commode, disposée méthodiquement et faite de manière à répondre de suite à celui qui l'interroge, de manière à le satisfaire sans perte de temps. C'est ce que l'on trouve dans cet excellent modèle, que l'on n'a pas encore imité, pour les grands ouvrages, dont il importe de bien connaître toutes les richesses : le travail est ingrat, minutieux, difficile, il demande beaucoup d'ordre et de patience, je le sais, mais quand on veut être utile il faut savoir faire un sacrifice.

ROZIER publia, dans la même année 1774, son *Traité sur la meilleure manière de cultiver la navette et le colzat, et d'en extraire une huile dépouillée de son mauvais goût et de son odeur désagréable.* Il y attaque une erreur grossière proclamée par des lois fiscales et de prohibition (1), ac-

(1) Ces lois sont celles du 11 mars 1756, du 6 juillet 1742,

créditées par d'avides spéculateurs; je veux parler
du prétendu danger que présente l'usage, dans l'économie domestique, de l'huile grasse et abondante
extraite des graines du pavot indigène, laquelle est
connue sous les noms impropres de *oliette* et de *œil-
lette*. Il y montre 1° que cette huile n'a point les
propriétés narcotiques de l'opium, qui s'obtient des
capsules sèches ou du péricarpe dépouillé de ses
graines; qu'elle est douce, agréable, de nature à se
conserver long-temps sans se rancir, et digne d'occuper la première place parmi les huiles commesti-
bles après celle de l'olive; 2° que la prohibition,
prononcée chaque fois que de grandes calamités ont
frappé la nation (1), est le fruit de la plus insigne
malveillance, et qu'elle donne lieu, de la part du dé-
bitant, à des sophistications nuisibles et propres à
subvertir la confiance si nécessaire au commerce;
3°. que les mesures fiscales et tyranniques adoptées
ralentissaient la culture d'une plante indigène très-
utile, occasionnaient le transport à l'étranger de
sommes considérables, et forçaient à renchérir
l'huile d'olive, dont le produit diminuait alors sensiblement. Mais la vérité ne convient pas à tous les
hommes; ils furent blessés de son aspect, et, pour se
venger de la franchise de celui qui leur arrachait le
masque, les agens de l'autorité, les ignorans et ces
êtres vils toujours prêts à spéculer sur la misère pu-

du 13 avril 1748, du 22 décembre 1754, du 30 janvier 1786.

(1) Après l'année désastreuse de 1709 et après celle de
1713.

blique , l'accusèrent d'imposture , l'accusèrent d'a-
voir cédé, pour de l'argent , aux plaintes du petit
commerce, dont les intérêts ne sont jamais en harmonie avec les besoins du peuple ni les vues du commerce extérieur : celui-ci, dans cette opération, ab-
sorbait à son profit plus de quatorze millions de
notre argent. La puissance de la raison et du patriotisme triompha cependant de l'hydre avide d'or, du
monstre propagateur des désordres. C'est à cette
cause que se rattachent les calomnies , les persécutions, les manœuvres impies que nous verrons plus
tard mettre en jeu contre notre courageux philosophe, contre le zélé défenseur de l'industrie agricole.

Le caractère honorable de ROZIER, autant que l'é-
tendue de ses connaissances et le genre de ses travaux, fixèrent à cette époque les regards de TURGOT,
nouvellement arrivé au ministère. Le chef des économistes l'envoya, vers la fin de septembre 1775,
explorer nos départemens riverains de la Méditerranée, diverses parties de l'Italie, les îles voisines
de ses côtes, autrefois dévorées par d'énormes volcans, et plus particulièrement l'île de Corse, pour
en sonder les ressources, voir les établissemens que
l'industrie pouvait réclamer, y fonder, d'après le
plan qu'il avait remis au contrôleur-général, une
école pratique d'agriculture, et apprendre aux propriétaires ruraux à perfectionner la fabrication de
leurs vins et de leurs huiles. ROZIER s'acquitta d'une
mission aussi importante de la manière la plus heureuse pour la Corse : durant mon séjour dans cette

île, en 1805, j'ai vu avec plaisir que l'on y conservait de lui noble souvenance.

De retour à Paris, en juillet 1776, Rozier ne trouva plus Turgot au ministère : celui qui voulait réformer les abus devait succomber sous les exigences du pouvoir, sous les coups des financiers, des courtisans, qui précipitaient alors comme aujourd'hui la France dans le gouffre toujours béant que le provisoire et le régime exceptionnel ouvrent à toutes les sortes d'exactions et de crimes. Les Mémoires qu'il avait rédigés dans l'intérêt du pays, la carte qu'il avait dressée, ainsi que le journal de son voyage, ensevelis dans les cartons des bureaux, s'y sont perdus comme il arrive pour tout ce qui intéresse la gloire et la véritable prospérité de la patrie.

Un seul de ces Mémoires a échappé au naufrage ; c'est celui qui parut sous le titre de *Vues économiques sur les moulins et pressoirs à l'huile d'olives connus en France et en Italie*. Rozier attaque dans cet important travail des abus par des vérités, il fait un noble appel à l'expérience, il s'adresse à l'intérêt, il rassemble les différentes méthodes en usage, il les éclaire les unes par les autres, les discute, et propose, outre l'adoption du moulin employé aux environs de Lille pour les graines de pavot, quelques changemens de pratique avantageux : il eut le plaisir de voir ses idées accueillies, réalisées. Cependant, peu satisfait d'un aussi honorable succès, sentant d'ailleurs ce qu'il fallait faire encore pour arriver à une amélioration progressive

et simplifier les procédés d'une industrie importante,
il part dans l'année 1777, en compagnie du géologue
Desmarets, il va visiter ce que la Hollande, la Bel-
gique et nos départemens du Nord possèdent de plus
précieux sous ce rapport. Il étudie les machines qu'il
voit employer; il ne s'arrête pas à ce premier motif de
son voyage, partout il recueille des faits nouveaux.
Aux environs de Armesford, ville de la Hollande,
il suit avec soin la culture du tabac, qu'il fait connaître aux propriétaires ruraux du Midi, en leur assu-
rant, comme l'expérience l'a démontré depuis dans les
départemens de l'Hérault et du Rhône, que cette con-
trée de la France est pour cette plante ce qu'elle est
pour la vigne, c'est-à-dire qu'elle y gagne en qualité et en valeur (1). Riche d'observations curieuses,
il les rendit publiques à son retour. S'il s'est trompé
dans ce qu'il a déjà publié sur ce sujet, il l'avoue
franchement, et double ainsi la confiance qu'il inspire.
Comme il veut surtout la perfection des diverses
branches de l'agriculture et des travaux industriels
qui s'y rapportent, il dépose aux mains de la Société
libre d'émulation de Paris pour l'encouragement des
arts et inventions utiles une somme de trois cents
francs (2) qu'il destine à celui qui simplifiera le mé-

(1) Cours d'Agriculture, tome IX, pag. 335 à 342.

(2) Voir le Programme du prix proposé par cette Société
pour 1779. La somme promise y est portée à 600 francs. Je
n'ai pu parvenir à savoir si le prix avait été donné. Le silence des journaux du temps me fait craindre, comme il arrive le plus souvent, que le prix a, contre le gré du fonda-
teur, été détourné au profit de quelque intrigant.

canisme du moulin et du pressoir à huile, soit en réunissant les deux machines dans une seule, soit en modifiant et perfectionnant le mécanisme des deux séparément, de manière 1° à diminuer la dépense de la construction, 2° à accélérer le travail sans nuire à la bonté du produit, sans obliger à l'emploi d'un grand nombre de bras, sans entraîner le besoin d'une forte masse de combustible; 3° enfin à retirer le plus d'huile possible des olives, et par suite rendre inutile l'usage des moulins de recense (1).

Depuis long-temps, comme je l'ai déjà dit, Rozier rassemblait tous les matériaux convenables à la confection d'un grand ouvrage sur l'agriculture. Les différens voyages qu'il venait d'exécuter, la correspondance suivie qu'il entretenait avec les hommes les plus distingués de l'époque, les livres qu'il avait lus, médités et commentés, les leçons pratiques qu'il avait puisées dans ses expériences à Sainte-Colombe, dans ses travaux à l'École vétérinaire, tout, en un mot, le mettait en état de remplir dignement sa tâche et de signaler sa vie par un nouveau bienfait. Cette noble entreprise il l'annonça en 1780. Un prospectus est répandu partout, il provoque l'attention et le concours des hommes les plus instruits, des praticiens les plus éclairés.

Rozier s'était placé par ses travaux précédens aux premiers rangs dans la république des sciences;

(1) Depuis 1820, le mécanicien Écouchart a trouvé les moyens simples d'extraire l'huile avec sûreté et économie, à l'aide d'un seul cylindre mu par la vapeur de l'eau.

son journal et ses autres ouvrages lui avaient donné une certaine aisance, et l'amitié de GILIBERT profitait de son crédit à la cour de Pologne pour augmenter, pour assurer sa fortune. Il venait (en décembre 1779), d'être nommé prieur de Nanteuil-le-Haudhouin. Les avantages que ce bénéfice lui procurait lui firent prendre la résolution de quitter Paris, d'aller s'établir dans le Midi, afin de revenir à ses goûts d'agriculture pratique, et de mettre la dernière main à ses manuscrits pour les donner successivement à l'impression.

Il se rendit à Béziers, département de l'Hérault, et acheta, en 1780, non loin delà un domaine rural, au lieu dit *Beauséjour*. Il avait fait choix de cette localité, parce qu'elle lui offrait, par la nature même du sol, par le voisinage de la mer et celui de petites montagnes placées sur le devant de la grande chaîne calcaire, qui lie les volcans éteints du Puy-de-Dôme, et les Cévennes aux Pyrénées, les moyens de réunir une très-grande variété de végétaux, de se livrer à une plus grande série d'essais de tout genre pour constater le plus de faits possibles dans l'intérêt de l'agriculture nationale.

Au moment même de son installation dans cette retraite, où il voyait le bonheur lui sourire pour toujours, il est appelé en Lithuanie pour remplir à l'université de Grodno une chaire d'agriculture, pour y fonder et en même temps diriger un jardin de botanique. Les offres les plus flatteuses, les espérances les plus séduisantes accompagnaient l'acte du gou-

vernement qui lui notifiait sa nomination. Étonné
d'une justice qu'il n'attendait pas, étonné d'un hommage aussi touchant rendu à ses talens, à ses services, loin d'une patrie qui ne faisait rien pour lui,
Rozier ne voulut point quitter la terre où il avait
reçu le jour, ni priver son pays du grand ouvrage
qu'il lui consacre. Il préfère les délices de la campagne et de la solitude aux honneurs ; il savait par
une fatale expérience ce qu'il devait craindre de la
jalousie et de l'intrigue. Il refuse les places qui l'attendaient, il résiste aux pressantes sollicitations d'un
ami d'enfance, et conserve encore une fois sa noble
indépendance.

Tout s'organise à Beauséjour au gré de ses désirs;
il laboure, il plante, il confie à la terre des semis de
toutes les sortes ; la terre répond à ses soins par la
fertilité, par l'abondance. Rien n'échappe à son œil
scrutateur depuis les plus simples phénomènes de la
végétation jusqu'aux perturbations de l'air atmosphérique. Une portion de son terrain est préparée
pour contenir la réunion de toutes les espèces, de
toutes les variétés de ceps cultivés en France; il les
distribue avec entente, de manière à suivre pour
ainsi dire chaque jour leur marche progressive, saisir
leurs caractères essentiels, reconnaître le genre de
terrain, de culture, d'exposition et de taille propres
à chaque race, l'époque de maturité de leurs raisins,
la qualité de la liqueur qu'ils donnent, le degré de
fermentation qu'elle exige, le mélange qu'elle peut
supporter, et ce qu'il est permis d'en retirer d'al-

cool. Pas un coin de terre n'est oisif, à chaque pas
Rozier veut avoir le motif d'une observation, constater un fait, trouver le secret de déraciner un pré-
jugé, de combattre une erreur, et de leur substituer
une méthode raisonnée, une pratique utile.

Heureux de pouvoir contenter ses goûts studieux,
et de donner à sa docte curiosité le plaisir de se satisfaire pleinement; heureux de la paix qui règne
avec lui et qu'embellit la présence d'une sœur bien
aimée, d'une sœur tendrement dévouée; heureux de
voir la turbulente ambition, l'envie au teint pâle, et
les coteries, foyer de perfidies et de haines, se bri-
ser contre les murs qui l'isolent des méchans, il
écrit de verve sur les travaux champêtres, et rédige
le premier volume de son encyclopédie rurale, sous
le titre modeste de *Cours d'Agriculture*.

Dès son apparition, ce livre fit époque dans les
fastes de la science et mit le sceau à la réputation la
mieux méritée. Rozier s'y montre bon littérateur,
praticien expérimenté, penseur profond; comme
Buffon, il plaît par un style élégant et facile; comme
Olivier de Serres, il attache par sa bonhomie, par
sa naïve simplicité aux détails les plus arides, et
rend supportables jusqu'aux expressions techniques,
qui, tracées par une plume moins habile, auraient
rebuté beaucoup de lecteurs; comme Linné, il sait
imprimer à tout ce qu'il dit un charme dont l'agronome, le cultivateur instruit et l'homme de goût
sont également satisfaits. L'ordre de ses idées, la
clarté qu'il apporte dans les discussions, et lorsqu'il

expose ses principes, la chaleur de son âme quand il attaque des doctrines surannées, des pratiques ridicules, des routines désastreuses, la gaîté qu'il manifeste lorsqu'il annonce un fait utile, bien constaté, lumineux dans ses résultats, ou une découverte susceptible d'ajouter aux richesses territoriales, la teinte sombre de sa plume alors qu'elle exprime un doute pénible ou qu'elle désespère d'un succès, tout dans Rozier pénètre l'âme, entraîne le sentiment, amène à la conviction la plus intime. C'est qu'il écrit comme il pense, comme il sent, comme il agit; c'est que, ami de la vérité, il la fixe sans crainte et qu'il la peint dans tout son jour. Familier avec tous les procédés économiques et d'agriculture, il juge les choses à leur juste valeur, et montre celles que l'homme des champs a le plus d'intérêt à exploiter, celles qui renferment les élémens de la prospérité, celles demeurées jusqu'alors inaperçues ou perdues dans le vague, sans expression, sans emploi. Ce n'est point de l'enthousiasme qu'il demande à celui qui l'écoute, il veut mériter sa confiance; il le conduit dans les sentiers de l'expérience, il lui parle sans autorité, et lui épargne toutes les difficultés. A cet effet, semblable à l'abeille qui va dérobant la liqueur que recèle la fleur fraîchement éclose, ou, pour mieux dire comme les grands fleuves s'emparent des eaux qui coulent près d'eux et vont les porter à l'Océan qui les emploie toutes à l'œuvre dont il cache le secret dans ses flancs mobiles, Rozier moissonne partout, élabore tout, compare tout, et sait faire tout servir à l'idée-mère qu'il vivifie. Il fournit à quiconque le consulte ce qu'il faut apprendre et exécuter pour agir, pour profiter, pour grandir à de nouvelles connaissances. Lui montre-t-il la conjecture la plus vraisemblable, il se garde bien de la lui imposer ou d'en abuser, il s'en sert avec précaution, il fait voir ses incertitudes et appelle sur elle la main du temps, les efforts de la patience. Il n'a rien de ces novateurs dangereux qui vont multipliant sans cesse les hypothèses, les théories qu'ils tronquent, ballottent de mille manières, qu'ils échafaudent et agrandissent le matin, appauvrissent ou détruisent le soir même pour leur en substituer de nouvelles non moins étranges, non-moins déréglées. Jamais il ne perd de vue la destination de son livre, tout y conduit à l'amélioration présente ou future de l'art qui tient dans sa vie prospère l'existence des familles et la durée des empires. Chaque fait est environné de détails curieux, de rapprochemens inattendus, de vues heureuses, qui sollicitent sans cesse la réflexion, qui permettent à chacun d'en faire l'application dans sa plénitude ou de la restreindre selon le lieu qu'il habite et l'abri qui le favorise.

Jetant un regard pénétrant sur la patrie qu'il veut grande, puissante et prospère, il y reconnaît deux grands climats bien décidés. « La démarcation est tracée par la main des hommes, et ils l'ont faite sans s'en douter. Si on en tire une ligne de l'est à l'ouest, en passant par Tournus et par Chatelleraut, on voit dans ces deux villes et sur toute cette ligne,

que les toits des maisons ont des caractères bien si-
gnificatifs , les uns sont à pentes rapides, semblables
à ceux des villes du Nord, et la pente des autres
n'est que de trente-deux centimètres par chaque
deux mètres de longueur, c'est-à-dire que les maisons bâties sur cette ligne de plus de cent lieues de
longueur sont sur les confins du climat où il tombe
beaucoup de neige, et du climat où il en tombe
beaucoup moins. En effet, hors de cette ligne, la
toiture est la même dans l'un ou l'autre climat. Outre cet exemple, on convient que les climats en des-
sus de la ligne ou en dessous sont différens, et que
la différence augmente de l'une et l'autre part, en
raison de l'éloignement. Je ne parle pas de quelques
positions particulières qui rendent un canton ou plus
chaud ou plus froid que le canton voisin ; ces ex-
ceptions ne sont d'aucun poids quand il convient de
considérer l'objet en grand (1). »

Une autre idée non moins grande, non moins féconde et absolument neuve est celle de diviser la
France d'abord en bassins, pour donner un aperçu
général et vrai des productions actuelles et de celles
que l'on peut exiger de ces plaines aujourd'hui sil-
lonnées par la charrue et que couvrirent autrefois
les eaux de la mer (2) ; ensuite de déterminer par

(1) Cours d'Agriculture, t. IX, p. 334.

(2) Les quatre grands bassins qui constituent le sol français sont formés par le cours du Rhône, de la Seine, de la
Loire et de la Garonne. Dix bassins secondaires, circons-
crits par des chaînons de montagnes du premier, du second

zones les limites naturelles que certains végétaux ne dépassent point ou du moins très-difficilement (1). De la sorte il sait rendre profitables à chaque localité les améliorations proposées, et l'art d'échelonner les essais pour les plantes exotiques à neutraliser. La première ainsi que la seconde de ces idées appartiennent tout entières à ROZIER ; il les a développées avec ordre et clarté, il a su les animer par l'application la plus heureuse des grandes vérités physiques aux observations pratiques les plus exactes (2). En un

et du troisième ordre, les divisent et offrent une pente qui dirige la chute des eaux sur un grand nombre de plans diversement inclinés. (Cours d'Agr., tome I, p. 166 à 282.)

(1) Ces zones sont au nombre de quatre. La zone de l'oranger, de l'olivier et des vignes, baignée par les eaux de la Méditerranée, et abritée des vents du Nord par des montagnes coupées presque à pic. Celle de l'olivier et des vignes : l'une et l'autre sont fort limitées. La zone de la vigne est la plus étendue et la plus riche des quatre. Celle du pommier commence à environ dix myriamètres au nord de Paris, et n'a d'autres bornes que le Rhin et cette Hollande par où doit s'opérer la prochaine révolution géologique que préparent lentement l'action des eaux et la marche de la terre vers l'ouest. (Cours d'Agr., t. I, p. 282 à 285.)

(2) Elle a été successivement appliquée, en 1784, à la géographie, par BUACHE, et, en 1786, à la géologie, par DE LA MÉTHERIE. La carte publiée, en 1781, par ROZIER, a été adoptée sans aucun changement par ces deux savans, et c'est à DE LA MÉTHERIE que ARTHUR YOUNG l'emprunta, en 1788, pour en faire la base de ce qu'il publia sur l'agriculture française. Il se garda bien d'en faire honneur à qui de droit, et, parce que ROZIER a dédaigné de revendiquer

mot, ce n'est pas seulement par la nature et la variété du sujet qu'il traite que Rozier sait rendre at-
trayante la lecture de son *Cours d'Agriculture*,
c'est encore par le mélange piquant de l'érudition
aux pensées philanthropiques, d'une austère critique
au patriotisme éclairé.

C'est cependant ce noble cultivateur, c'est ce citoyen modèle des grandes qualités que tout le monde
admire et que le plus petit nombre a la force de s'ap-
proprier, c'est ce savant si plein de zèle et de mo-
destie, si riche de faits et d'expériences, qu'un Anglais daigne à peine citer quand il parle de notre agriculture! c'est à Rozier qu'il ose refuser jusqu'à la
simple connaissance d'une charrue; c'est cet illustre
écrivain qu'il traite avec le mépris le plus insolent,
qu'il rejette dans la foule des compilateurs, en l'ac-
cusant de s'être élancé dans les rayons excentriques de
la science!

Certes, tous les articles du *Cours d'Agriculture*
ne sont pas également parfaits; on peut même dire
que plusieurs manquent de méthode et de la préci-

sa propriété, les traducteurs du voyageur anglais n'ont
point dénoncé le vol! et nos agronomes consentent chaque
jour encore à lui en enlever le mérite, tant il est vrai qu'une
erreur une fois imprimée, ceux qui font des livres avec des
livres la perpétuent à satiété : c'est le seul abus que je re-
proche à l'imprimerie, qui rend d'ailleurs de si grands services à l'humanité. La classe la plus pernicieuse et la plus
funeste à la manifestation du vrai est celle qui tranche déci-
dément sur tous les objets sans en avoir aucune idée.

sion qu'on est en droit de demander à un livre clas-
sique qui serait écrit par la même plume ; mais Rozier avait des collaborateurs, et, s'il y a des parties
entières omises, d'autres à peine effleurées, etc., etc,
doit-on le lui reprocher, comme le font encore ces
rapsodes modernes qui le copient, qui le mutilent
incessamment ? D'ailleurs, il faut avant tout considérer l'époque de la publication de son ouvrage ; il faut
songer aux entraves qu'il avait à surmonter à chaque
pas pour arriver à la vérité, pour oser la mettre au
grand jour. Quand on pense de bonne foi aux découvertes faites depuis lui et aux changemens énormes apportés à toutes les connaissances acquises
par la révolution de 1789, par la marche progressive des sciences, on est surpris de trouver les règles
et les principes qu'il pose aussi justes, aussi profonds.
N'est-ce pas lui qui a dit ce qu'on attribue à nos
publicistes du jour les plus vantés : « De toutes les erreurs, la plus nuisible aux progrès de l'agriculture,
c'est d'avouer que le cultivateur sait tout ce qu'il
doit savoir, et que sa pratique vaut mieux que toute
espèce d'instruction : tel cultivateur aura pratiqué
depuis cinquante ans, qu'il n'aura pas avancé d'un
seul pas, parce que sa pratique ne porte que sur des
conjectures, sur des points sans liaison entre eux ;
elle n'est aucunement fondée sur des principes (1) ».
— « Sans l'expérience, la plus brillante théorie n'est
qu'une chimère sans fondement, que la moindre cir-

(1) Cours d'Agriculture, t. IX, p. 330.

constance locale ou le plus léger changement dérange ou détruit. Sans une saine théorie, il est très-
difficile, pour ne pas dire impossible, de bien faire
une expérience, parce que, sans elle, on ne part
d'aucun principe certain ; alors le succès ou la mé-
prise sont le résultat de quelques combinaisons dont
on ne saurait rendre compte. Avant de se livrer à une
expérience, il faut avoir étudié la manière d'être du
climat que l'on habite, son exposition, surtout la
qualité de la terre, la profondeur de sa couche, sa
plus ou moins grande propriété à retenir ou à laisser
filtrer l'eau, etc., etc. (1). »

Il faut être bien malheureusement organisé ou
porter un cœur encroûté de boue et de fiel pour ne
voir que les fautes d'un homme de génie. Il semblait
qu'un agriculteur de la trempe d'ARTHUR YOUNG
devait ne point en agir ainsi, et ne point vouloir, par
suite d'une haine nationale, se ranger dans la tourbe
des misérables qui font métier de mentir et n'ont
d'autres jouissances que celles de salir de leur bave
immonde les noms illustres, les livres inspirés par le
plus pur patriotisme. De même que ALSTON lorsqu'il vint tourner en ridicule le système sexuel des
plantes qu'il n'entendait pas, ARTHUR YOUNG en
injuriant ROZIER, a entaché sa propre réputation, et
exhaussé d'autant le mérite du savant modeste et
essentiellement utile qu'il tentait de sacrifier.

Nul doute que ARTHUR YOUNG n'ait été pour l'An-

(1) Cours d'Agriculture, t. I, p. 254.

gleterre un des agronomes les plus instruits et les
plus utiles ; mais le regarder en France comme un
oracle, mais le citer à tout propos et se faire de son
nom un rempart, c'est payer d'ignorance, je dirai
plus, c'est s'accuser de mauvaise foi. Quelle confiance
ses voyages dans notre pays peuvent-ils mériter ?
de quel profit peuvent-ils être à l'économie rurale ?
Écrits à la hâte, saccadés comme la course rapide de
leur auteur, rédigés sur des notes informes, d'après
des faits qu'on a mal observés, comment, en treize
mois, est-il possible de tout visiter, de tout apprécier, d'entrer dans le détail des pratiques même les
plus vulgaires? A peine l'œil peut-il suffire pour embrasser les masses de cette vaste scène, de cette
scène mouvante qui se déroule incessamment. Comment s'aider des avis donnés par les personnes les plus
dignes de foi, comment démêler la vérité, reconnaître
l'importance des renseignemens recueillis, comment
oser s'ériger en censeur équitable? Quand on veut
parler avec rudesse et en diplomate des hommes, des
mœurs, des usages, des singularités et des pratiques
de l'agriculture d'un pays, quand on veut n'omettre
aucun détail de route, aucune anecdote d'auberges,
aucune observation de circonstance politique (1),

(1) Ce voyage a été fait dans le court espace de treize
mois, pendant les années 1787, 1788, 1789 et 1790 ; il a eu
deux éditions, toutes deux publiées à Paris ; l'une, en 1793,
3 vol. in-8, traduits par Soulès, avec des notes par de Ca-
seaux ; l'autre, en 1801, réduite à un seul volume in-8, par
Lamare, Benoist et Billecoq, avec des notes par de La-

il faut avoir une dose extraordinaire d'effronterie et préjuger singulièrement de ses forces; et lorsqu'on nomme à peine les agronomes vivans, les praticiens et les professeurs qui honorent le plus les cantons visités en poste ; quand on ne sait pas s'arrêter pour rendre hommage aux GILBERT, aux PARMENTIER, aux THOUIN, aux VARENNES de FÉNILLES, aux CADET DeVAUX, aux CHANCEY, (qui furent tous mes amis,) et de tant d'autres occupés sans cesse des besoins de leur patrie, ne se condamne-t-on pas de gaîté de cœur au mépris, n'appelle-t-on pas sur son livre l'indignation et le dégoût?

LAUZE. L'auteur de ce voyage traite, dit-il, «de l'étendue de la France, de son sol, de son climat, du produit en grains, rentes, et prix des terres dans les pays de plaines, de bruyères, de montagnes, de craie, de gravier, etc. ; du cours des récoltes sur tous ces différens sols ; des arrosemens ; des prairies, de la luzerne, du sainfoin, des vignes, des enclos ; de la tenue et de la grandeur des fermes ; des bêtes à laine, avec le détail *exact* du poids, de la valeur de leur toison dans toutes les provinces ; du capital employé à l'agriculture ; du prix des subsistances et du travail ; du produit général de la France, considérée dans ses différens sols, ses vignes et ses bois ; de la population ; de la police des grains ; du commerce de France, avec un tableau de ses importations et exportations en 1784 ; de ses pêches ; des manufactures et de leur influence sur l'agriculture ; enfin, des impôts. » Et ce travail, qu'aucune statistique récente et locale ne remplirait entièrement, est le résultat d'une promenade faite en treize mois!..... Romantiques qui écrivez avec la même rapidité, avec la même légèreté que marchent les vélocifères, baissez pavillon devant l'Anglais ARTHUR YOUNG.

C'en est assez. Reprenons l'histoire de ROZIER, et comme lui, rions des injures de l'Anglais atrabilaire.

Depuis 1782 la Société d'agriculture de Lyon appelait les savans à la recherche de la véritable théorie du rouissage du chanvre ; depuis trois ans, elle leur demandait les meilleurs moyens d'en perfectionner la pratique. Soit que le délai fixé eût paru trop court, soit que l'expérience marchât trop lentement au gré de ceux qui n'écrivent que d'après elle, cette question neuve et importante demeurait sans réponse. Elle fut reproduite deux ans après, et devint pour ROZIER le signal d'un nouveau service à rendre à sa patrie et à sa science favorite.

Il considère les lois fatales de 1686 et de 1722 qui défendaient rigoureusement la sortie de nos chanvres ; celle de 1749 qui favorisait de toutes les manières l'entrée de ceux provenant de l'étranger, et décidait ainsi à l'abandon d'une culture propre à tant de localités nationales ; il voit les sommes énormes échangées à gros intérêts dans le nord de l'Europe pour fournir, en 1783, aux besoins de notre marine ; il observe la nature des terres, et c'est quand il est intimement convaincu que la graine que l'on y sème donne la meilleure filasse pour la qualité, c'est-à-dire pour le nerf et la finesse, quoique son brin ne soit pas toujours d'une bonne longueur, qu'il traite le sujet proposé avec sa supériorité ordinaire, qu'il appelle sur son front une nouvelle palme académique.

Dans ce travail, fidèle à sa méthode exploratrice, ROZIER examine tous les modes en usage pour rouir le chanvre; il fait ressortir leurs avantages et leurs inconvéniens; après s'être ensuite livré à une lumineuse discussion sur les parties de la plante et les ressources qu'elle assure à celui qui la cultive, il indique comment on doit la dépouiller de la gomme-résine qui tient ses fibres filamenteuses adhérentes entre elles. J'ai trouvé dans les moyens ingénieux et bien aperçus qu'il prescrit, non-seulement l'idée-mère du procédé que BRALLK (1), d'Amiens, inventa vers l'an 1803, mais encore jusqu'à la critique anticipée des machines plus ou moins compliquées que, depuis 1805, la France, l'Allemagne et l'Italie ont vu créer, et vanter outre mesure. Toutes ces machines récompensées avec ostentation par les gouvernemens et les Sociétés d'agriculture, construites à grands frais, imposées par les agens de l'intrigue et le despotisme de la bureaucratie, sont aujourd'hui perdues dans la poussière des greniers des Conservatoires des Arts et Métiers (2).

Il y a dans le Mémoire de ROZIER une expérience à laquelle on n'a pas jusqu'ici donné toute l'attention et la suite qu'elle méritait : je veux parler des fosses creusées en un lieu ni trop sec ni trop humide, dans

(1) Elles se trouvent pages 102 et 131 de son Mémoire.

(2) S'il m'était permis de me citer moi-même, je rappellerais ici que je fus le premier, depuis ROZIER, à démontrer leur inutilité, à poursuivre l'imposture qui les prônait avec emphase. (Voir ma Bibliothèque physico-économique, tomes VI, XVII, XVIII et XIX, pour les années 1819, 1823 et 1826.)

lesquelles on étendrait les javelles que l'on doit rouir. Les parois et le fond de ces fosses sont garnis de nattes en jonc; la masse des javelles se couvre aussi de pareilles nattes, puis de trente-deux centimètres de terre. Là, le chanvre subit un genre de macération qui est une véritable fermentation, d'abord insensible, puis augmentant à tel point qu'il y aurait inconvénient à le laisser enfoui trop long-temps. Quand on le retire au moment convenable, c'est-à-dire après le quinzième jour, la filasse se détache comme d'elle-même et a gagné en qualité (1). L'adoption de cette sorte de rouissage préviendrait les dangers de celui fait au sein des eaux courantes, ou, ce qui est pire encore, dans les eaux stagnantes; le gaz délétère y est neutralisé par sa dispersion dans les terres, et, comme il s'y combine avec le détritus de la gomme-résine, il fournit un engrais excellent. Les fosses à fumier existantes aujourd'hui près de chaque exploitation rurale bien tenue, me paraissent propres à servir à cette nouvelle méthode de rouissage; elles en accéléreraient même le travail à cause du levain qu'elles renferment déjà.

Tandis que ROZIER consacrait ainsi ses veilles au bien général, la malignité cherchait dans ses moindres actions, dans ses paroles, dans ses écrits et jusque dans le secret de ses épanchemens, des motifs pour détruire la haute réputation qui l'avait précédé sous le climat du Midi; la jalousie allait chaque

---

(1) Cours d'Agriculture, tome VIII, pag. 667 à 669, on trouve tous les détails de ce procédé.

jour tendre des piéges à sa bonne foi, envenimer le plaisir qu'il goûtait à faire du bien, gloser et rire de l'embarras où le jetait l'assurance qu'il acquérait qu'on le volait. Mais, comme rien ne le détournait de ses travaux littéraires et champêtres, la calomnie se chargea d'empoisonner une vie aussi utilement occupée; elle taxa d'audace sa noble franchise; elle vit dans son penser libre un système organisé de fronder, de braver la puissance établie et de dominer sur le faible; tantôt elle lui suscita d'odieuses chicanes, tantôt elle l'obséda par des procédés obscurs, des démarches équivoques. Le cœur du bon abbé, trop facile à s'émouvoir, n'acquit pas sans douleur la triste certitude qu'il était entouré de faux amis, d'envieux, de jongleurs à la voix glapissante. Il ferma sur eux les portes de sa retraite et se contenta de fuir une société d'autant plus perverse, qu'elle cache sous les dehors de l'intérêt, sous les apparences de l'étude et de l'humilité la perfidie la plus atroce. Les passions haineuses sont implacables, surtout quand elles fermentent dans l'âme des demi-savans, des hommes titrés, de ceux qui usurpent les places qu'ils sont indignes de remplir. Comme les persécuteurs de Rozier avaient échoué dans leurs projets, ils allèrent mendier l'aide d'un homme puissant. De Nicolay, alors évêque de Béziers, ne rougit point de s'associer aux êtres les plus vils; il renouvela de gaîté de cœur le scandale donné par Bourgelat et par le ministre Bertin vingt-deux ans auparavant. Il mit le comble aux tracasseries dont

on fatiguait notre illustre philosophe, en faisant ouvrir, aux frais de la province, une route au travers
la propriété de Beauséjour. Par ordre de ce prêtre
despote et libertin, des malheureux, courbés sous
le poids de la corvée, renversent les murs, arrachent
les arbres, détruisent les semis, gaspillent les récoltes et ruinent des travaux entrepris avec tant de
peines, et suivis avec tant de soins. Cette route
qu'il était facile, par un léger détour, de rendre
utile à quatorze métairies et à un village qui la sollicitaient depuis longues années, en la portant dans
leur direction, a pour but d'abréger le chemin qui va
du palais épiscopal à une ferme où vivait une fille
entretenue, une *Montespan* de second ordre !...

L'évêque fut attaqué devant les tribunaux, Rozier obtint justice, mais ce fut un motif de plus
pour exciter contre lui les vengeances d'un être
plein de rancœur et justement humilié. A la suite
de ses demandes à la cour, Rozier vit supprimer
brutalement la pension qu'il touchait sur le Trésor,
et le bénéfice du prieuré de Nanteuil passer en d'autres mains (1). Ce ne fut pas tout : il eut encore à es-
suyer tous les dégoûts, toutes les avanies imagina-
bles avant de pouvoir vendre, à grande perte, le coin
de terre où il s'était flatté de couler paisible l'au-
tomne de sa vie et y remplir, selon les vœux de son
cœur, l'intervalle du présent, qui fuit sans retour, de

(1) Un biographe récent a la bonté d'accuser la révolution de ces iniquités !...

la mort, qui nous arrache sans pitié à toutes nos af-
fections, à nos plus douces illusions.

Ce fut en 1786 qu'il s'éloigna pour toujours des
environs de Béziers ; il revint à Lyon au milieu de ses
parens, de quelques amis demeurés fidèles, et des savans qui s'empressèrent de l'inscrire sur les tables de
leurs utiles réunions. L'air natal, la vue de ce fleuve
rapide qui descend de l'Helvétie, de cette colline
verdoyante, de cet horizon alpin, témoins de ses
premières années, de ses premiers succès, rasserè-
nent son âme aimante. Il reçoit les larmes aux yeux
des mains de ses concitoyens la direction du Jardin
des plantes, celle de la pépinière et de l'école pratique d'agriculture qui y est attachée ; mais comme ce
noble enthousiasme pouvait se refroidir et peut-être
dégénérer tôt ou tard en de nouvelles tribulations,
(le voisinage de l'École vétérinaire réveillait de cruels
souvenirs!) il n'accepta que la surveillance des deux
premiers établissemens, et ce fut dans le modeste
enclos qu'il acheta (1) qu'il voulut offrir aux jardi-

(1) Il est situé au flanc d'un coteau, près le faubourg de
la Croix-Rousse, rue Masson, n. 48. La maison était ac-
compagnée d'un clos assez étendu, d'un petit bois et d'un ri-
deau de peupliers qui l'abritait des habitations voisines. La
ville de Lyon laisse tomber cette demeure dans un délabre-
ment épouvantable : il était de son devoir de l'acheter, d'en
faire le local de la Société d'agriculture, qui en aurait reçu
une impulsion nouvelle et sacrée. Les membres, réunis dans
la salle d'ombrage que forment les vieux sycomores plantés
par leur maître à tous, se seraient sentis inspirés, et la science
y eût gagné.

diniers et aux amateurs, des leçons gratuites et ami-
cales sur l'agriculture, sur l'art de tailler les arbres
fruitiers, etc. Ce cours, suivi avec empressement,
contribua à répandre les lumières d'une saine pratique dans les campagnes environnantes, et à propager dans nos départemens du Midi le goût des
plantations, les bonnes méthodes, et à détruire plusieurs erreurs accréditées par le temps et l'entêtement.

Du moment que Rozier eut retrouvé le calme qui
convenait à ses habitudes studieuses, il reprit la publication de son *Cours d'Agriculture* (1) et la série
d'expériences qu'il avait entreprise : c'est dans ce
manoir champêtre, quoique au sein d'une grande cité,
qu'il eut le plaisir d'accueillir les savans qui passaient
par Lyon. Sur la porte d'entrée, de peu d'apparence,
il avait inscrit cette devise tirée de Virgile : *Lau-
dato ingentia rura, exiguum colito* (2), qui les in-
vitait à entrer et à prendre part aux utiles recherches du restaurateur de l'agriculture nationale.

Une nuit, celle du 16 au 17 septembre 1788, il
fut arraché à ses nobles méditations par un horrible
fracas. A quelque distance de sa demeure, une maison
servant de retraite à quatorze familles s'écroula
du haut d'un lieu dit *la Grande-Côte* ; les cris des
malheureux ensevelis sous les ruines frappent son

(1) Les tomes II à VII parurent de 1782 à 1786; le VIII⁰
fut imprimé dans les premiers mois de 1789. Les matériaux
du IX⁰, envoyés en 1790 au libraire, ne furent publiés que
trois ans après la mort de Rozier. :

(2) Cette inscription existe encore aujourd'hui.

oreille, il accourt, et fit tant par son exemple, par son courage, par sa présence d'esprit, que la majeure partie des victimes fut sauvée; trois personnes seulement périrent. Il recueille les blessés, leur prodigue tous les soins que réclame leur position; mais comme sa fortune ne lui donne pas tous les moyens de faire ce que lui dicte sa généreuse compassion, il va lui-même plaider la cause de l'infortune auprès des riches, et son aumône, grossie par celle de tous ceux à qui il s'adresse, aide les victimes à se pourvoir d'un nouvel asile et à réparer leurs pertes.

Sur ces entrefaites une révolution mémorable change tout-à-coup la face de la France, et vient immortaliser les dernières années de ce dix-huitième siècle tant décrié par certains esprits. Elle frappe la tyrannie et l'arbitraire qui l'accompagne; aux vérités éternelles proclamées par les philosophes modernes, elle rattache, en un moment, les sublimes traditions de la haute antiquité que les temps d'esclavage avaient dénaturées et tenaient cachées sous la rouille ensanglantée du régime féodal. Avec le soleil de juillet 1789, l'auguste liberté paraît radieuse, elle promet à tous le bonheur, elle ranime les membres engourdis du corps politique, elle rend à la loi sa puissance, elle brise les fers du laboureur, et fait jaillir dans les cœurs l'étincelle électrique qui pousse aux grands dévouemens, aux actions héroïques. Comme tous les amis de l'humanité, comme tout ce que la civilisation cite de plus honorable, Rozier sourit à la régénération du siècle; il l'avait appelée, il'épousa de bonne foi, disons mieux, avec chaleur, les principes que l'on proclamait hautement, que chacun se faisait un honneur de professer. Il voyait se réaliser les rêves de son grand cœur ; il voyait les abus tomber, le règne absurde des prohibitions fiscales anéanti, les préjugés nuisibles se dissiper, et s'élargir l'horizon de la pensée ; il voyait la patrie, si long-temps veuve de son héritage, triompher enfin tranquille et magnanime (1). Aussi voulut-il s'associer activement aux grandes innovations que l'intérêt public commandait. Il reprit une pensée qu'il avait eue quatorze ans auparavant ; il fit parvenir à l'Assemblée nationale constituante dès la première année de sa brillante existence, c'est-à-dire vers la fin de 1789, le projet tout développé d'une *École nationale et gratuite d'Agriculture* (2), et celui non moins important d'une *Ferme expérimentale* par chacun des quatre grands bassins de la France (3).

(1) Il a publié sa pensée tout entière à ce sujet en de nombreux passages de ses ouvrages, surtout de son Cours d'Agric. Voyez particulièrement, au tome IX, la page 332.

(2) Il avait désigné le domaine de Chambord pour cette fondation, comme étant le point central de la France et tenant le milieu entre ses différens climats. Le district de Blois et le département de Loire-et-Cher, sur le territoire desquels Chambord est situé, furent consultés dans le temps et adoptèrent avec empressement le plan de Rozier.

(3) Rozier remit, en juin 1775, un Mémoire détaillé à ce sujet au contrôleur-général Turgot : celui-ci en avait saisi l'ensemble, il l'avait adopté dans tous ses points, l'établissement allait être formé, lorsque de viles machinations l'é-

S'il témoigne l'envie de se placer à la tête de ces institutions si nécessaires, ce n'est point dans des vues d'intérêt personnel : «Lorsqu'à mon âge, lorsque fort au-dessus de tous les besoins et dans la plus délicieuse habitation, je sollicite mon déplacement, écrit-il à ce sujet (1), on doit être bien convaincu que je ne vois, que je ne désire, que je ne soupire même qu'après l'avancement de l'agriculture dans toutes les parties de la France que mon plan embrasse. J'ai de tout temps été citoyen, je le suis et le serai jusqu'au dernier instant de ma vie. Mon unique vœu est d'être utile à ma patrie et de lui consacrer le résultat des études et des travaux que j'ai faits depuis plus de trente ans, le tout sans souhaiter aucune récompense pécuniaire.»

En effet, le but de Rozier était de porter ainsi directement les lumières de l'instruction jusque sous l'humble chaume, d'arracher la classe la plus utile, celle appelée à produire, à répondre à nos besoins les plus pressans, au joug de ses routines aveugles, à l'ornière dans laquelle on s'était fait un besoin de la tenir, parce que les castes à priviléges disaient alors : *Le paysan sait ce qu'il doit savoir, cela suffit.* Il voulait l'amener par une saine théorie et par l'exemple, qui parle plus haut que tous les livres, à

touffèrent à son berceau et firent enlever le portefeuille à TURGOT.

(1) Le 24 novembre 1791, dans sa circulaire aux agriculteurs et agronomes nommés à l'Assemblée nationale législative.

perfectionner ses diverses opérations, à en apprécier
l'importance; il voulait l'habituer à se rendre compte
des lois et des phénomènes de la nature. Les événemens politiques grandissant chaque jour ne laissèrent point à notre première Assemblée nationale le
temps d'accorder aux projets de Rozier toute l'attention qu'ils commandaient. On lui conseilla d'attendre la prochaine Législature, qui aurait mission
expresse de s'occuper des fondations appelées encore
secondaires. En novembre 1791, il renouvela donc
sa demande, il s'adressa particulièrement à ceux des
députés qui paraissaient dévoués à la cause de l'agriculture,...Tous demeurèrent inactifs (1), ou du moins
ils se laissèrent aller aux intrigues de quelques ambi-
tieux qui déjà s'étaient emparés de toutes les places
et les faisaient déjà tourner à leur profit. Ces agriculteurs de cabinet sentirent le coup mortel qu'al-
laient leur porter les fondations demandées, ils le
détournèrent à force de souplesse, de protestations
mensongères, et, comme en 1775, ils réussirent à
enlever des cartons les feuilles patriotiques du bon
Rozier.

Blâmera-t-on ce grand homme d'avoir aspiré pour
la patrie une vie nouvelle, d'avoir voulu notre nation
aussi grande qu'elle est généreuse, d'avoir aidé par

---

(1) Ils persistèrent plus tard dans leur coupable indiffé-
rence, même lorsque les circonstances les plus heureuses
leur fournirent tous les moyens de faire le bien du pays, de
réaliser les vues qu'on leur communiquait.

ses pensées, par ses discours, par ses actions à l'ère
de véritable civilisation, de gloire, de bonheur que
nous étions en droit d'espérer de la mémorable
journée du 14 juillet?... Hélas! cette belle aurore
n'éclaira point le jour que nous attendions, que
nous appellions de tous nos vœux. La main du crime,
dirigée dans l'ombre par quelques scélérats tant de
l'intérieur que de l'extérieur, et que je démasquerai
plus tard, vint frapper les têtes les mieux pensantes,
les bras qui défendaient les plus chers intérêts de la
nation; on calomnia, l'on empoisonna le plus noble
enthousiasme, et l'on précipita le vaisseau de l'État
sur un océan dévoué aux tourmentes les plus af-
freuses. Les pères de la patrie furent impitoyable-
ment immolés; et parce que, plus tard, un soldat,
sorti de nos rangs, abusa de la victoire pour imposer des fers à cette génération qui avait avec lui
cueilli d'immenses lauriers dans cent climats divers,
on accuse la liberté de tous les crimes commis par la
trahison, par la plus insigne lâcheté; et pour nous
punir des plus généreux sacrifices, l'Europe trom-
pée vomit sur notre pays des hordes d'esclaves qui
descendirent en torrens des glaces du pôle et des
steppes inhospitalières de l'Asie! Les misérables crurent, en buvant le sang de nos héros mourans, de nos
femmes et de nos enfans, en brûlant nos habitations,
en dépouillant nos musées, en portant une main sa-
crilége sur nos monumens, effacer la gloire écrite
sur nos drapeaux, et la honte empreinte à jamais
sur le bandeau des rois armés contre nous. Ils rece-

vront tôt ou tard le prix de tant de forfaits. Le temps des despotes est passé, les peuples ouvrent les yeux, les trônes s'ébranlent, le volcan va surgir, les faire rentrer dans le néant; ses laves nous fourniront alors les matériaux indestructibles pour reconstruire à jamais le temple de l'indépendance universelle.

Qui viendra blâmer Rozier d'avoir pensé, d'avoir agi comme toute la nation? Parce que l'ordre que méditait le patriote sans ambition a été, malgré de généreux efforts, interverti, souillé, méconnu, faut-il pour cela maudire les mains hardies qui préparèrent la grande régénération humaine et cimentèrent de leur sang cette œuvre pie? Semblables à ces nuages chargés de la foudre qui plongent un instant la terre dans l'épouvante et les ténèbres, nos erreurs, nos fautes graves ont passé fatales pour nous-mêmes, mais elles ont mûri nos têtes jeunes encore, elles ont préparé nos longs triomphes, et jeté dans tous les rangs, dans toutes les climatures, le besoin de la liberté, le germe des grands événemens dont l'avenir prépare l'explosion. Pour juger sainement toutes les phases de la révolution, il faut que les générations contemporaines aient disparu, que les haines et les vengeances soient éteintes; pour apprécier tout le bien qu'elle a produit, tout le mal qu'elle a fait, les prodiges qu'elle seule était capable d'enfanter ou de préparer, il faut que les cendres des vainqueurs et des vaincus, des martyrs et des traîtres, de ceux qui ont élevé dans l'intérêt de tous et de ceux qui ont si barbarement détruit pour une caste funeste,

soient réunies, confondues... Alors seulement la vérité descendra sur cette tombe immense, et relevant
d'un bras d'illustres trophées, de l'autre montrant de
grandes vertus, de sublimes pensers, de nobles in-
fortunes, elle dictera les pages que l'histoire doit
transmettre aux âges futurs.

Je respecte les opinions de ROZIER, je les ai par-
tagées, elles font encore battre mon cœur, incapable de concessions honteuses; elles s'exhaleront pures sur l'autel de la patrie avec mon dernier soupir.

Pendant les jours de deuil où la liberté vit ses
enfans égarés tristement méconnaître la voie du
juste et violer les intérêts les plus sacrés, ROZIER, re-
tiré dans le silence de son cabinet et pour distraire
son cœur, profondément attristé des maux de la patrie qu'il ne pouvait conjurer, écrivait son *Traité
de la vigne* (1); il rédigeait les notions qu'il avait
recueillies pour savoir ce que les arbres à fruit ga-
gnent ou perdent en s'éloignant de leurs types, qui
végètent et mûrissent dans les bois. Dans ce Mémoire, qui devait singulièrement éclairer l'histoire
de la greffe, celle de la physiologie végétale et les
méthodes de culture, il s'était promis de nous apprendre s'il y a profit réel à multiplier les greffes sur
le même sujet, comment on peut employer cette
pratique pour obtenir toujours de beaux et de bons
fruits (2). Il mettait la dernière main à ce *Discours*

(1) Voir ce qu'il dit à ce sujet, Cours d'Agric., tome V,
pages 360 et 361.

(2) Cours d'Agriculture, aux mots *Fruit* et *Greffe*.

sur la manière d'étudier la science des champs,
qu'il destinait pour servir d'introduction à son
Cours d'Agriculture.

Ce discours, ébauché dans le tableau qui termine
le mot *Agriculture* (1), ce discours, comme il l'annonça lui-même (2), devait embrasser, non-seulement la théorie et la pratique du premier des arts,
mais encore y ramener toutes les branches de l'économie rurale, ainsi que les sciences qui en éclairent
les diverses opérations. Son but était de former un
faisceau d'où jailliraient en gerbes fécondes les faits et
les principes, de les enchaîner les uns aux autres, et
les rendre de la sorte plus utiles encore au praticien
et à l'élève. Il aurait ainsi fait disparaître l'incohé-
rence apparente des articles déchiquetés, éparpillés
sous leur lettre alphabétique, et rétablir l'ordre qu'on
lui a tant reproché de ne pas avoir adopté de prime
abord (3).

Il préparait encore la nouvelle édition d'Olivier de Serres qu'il avait annoncée dès 1786 (4),

(1) Cours d'Agriculture, tome I, page 254.

(2) Prospectus et Avis en tête du premier volume.

(3) Ce travail important a été entrepris vingt-cinq ans
plus tard, de la manière la plus claire et la plus heureuse,
par André Thouin, qui fut son ami et le mien. Son travail
est en tête du tome XI, publié à Paris en 1808.

(4) Avis en tête du septième volume, page iij, du Cours
d'Agriculture. Cette édition, à laquelle il donnait des soins
tout particuliers, devait avoir un ou deux volumes in-4.
Rozier avait rassemblé les diverses éditions du Théâtre
d'Agriculture, toutes étaient enrichies de notes marginales,

dont il se proposait d'éclaircir certains passages, dé faire connaître les changemens en bien ou en mal qui avaient eu lieu dans l'agriculture depuis la publication du *Théâtre d'Agriculture*, comme aussi de ne point laisser ignorer les connaissances que les modernes ont acquises dans cette science.

Enfin il rassemblait les nombreux matériaux d'une *Bibliographie raisonnée de tous les livres publiés par des écrivains français sur l'agriculture* (1). Un semblable travail manque encore à l'histoire littéraire nationale : la *Bibliographie agronomique* de Musset-Pathay est bien loin d'en remplir la lacune.

Tout à coup le canon de la guerre civile se fait entendre ; les citoyens s'arment, un siége douloureux menace, enveloppe la ville de Lyon, la couvre en un instant de décombres et du sang de ses propres fils. Les magistrats ne peuvent suffire au maintien de l'ordre dans les familles ; un appel est fait aux hommes généreux dont les vertus et le courage sont connus. On pénètre dans la solitude de l'abbé Rozier, on implore son assistance ; les temples sont désertés par leurs ministres, on en demande d'autres plus purs, plus dévoués. Rozier, que le désir d'être utile rend heureux, abandonne ses travaux, il oublie le calme qu'il avait acheté si chèrement, il cède avec transport aux instances de ceux qui lui portent la parole au nom du peuple assemblé, qui lui expriment les vœux honorables de toute une ville désolée. Quoique voué

(1) Rozier parle de cet ouvrage au tome I, page 285, de son Cours d'Agriculture.

à l'état ecclésiastique presque contre son gré, le voilà
revêtu des insignes du sacerdoce, le voilà, par ses
concitoyens, placé à la tête de l'église Saint-Polycarpe, l'une des plus populeuses de Lyon. Dans
cette carrière nouvelle, comme dans ses habitudes
d'homme privé, et dans sa vie de savant, il est
toujours le même : ce n'est ni l'ambition ni l'esprit
de parti qui le dirige, c'est l'amour du bien public,
c'est le besoin de servir la patrie régénérée. Il prodigue les soins les plus empressés à tous, sans s'in-
quiéter aucunement des doctrines et des opinions que
l'on peut avoir embrassées : elles doivent être libres
comme la pensée dont elles émanent et qu'elles ma-
nifestent. Pénétré de ce principe auguste, tant de
fois oublié, que la tolérance est le premier devoir de
l'homme et du citoyen, il veut prévenir les écarts
des passions, tempérer l'exaspération que les événemens rendent si âcre, si violente; il s'empare surtout de l'enfance, il défend l'opprimé, sans crainte,
sans ménagemens pour le pouvoir; il console la
veuve et le vieillard infirme, il donne asile à ceux
que le siége dépouille et ruine; il soutient les forces
de ceux qui, nuit et jour, sont sous les armes, et
protége l'assiégeant tombé sous le fer des assiégés.

Après les désastres de la journée du 29 mai 1793,
sa famille lui fit de pressantes instances pour qu'il
se retirât auprès d'elle à Sainte-Colombe. « Je vous
» remercie tous, leur dit-il, de vos offres obligean-
» tes, je ne peux les accepter; le pasteur doit à ses
» ouailles l'appui des consolations, c'est à lui de

» payer d'exemple, à soutenir le courage, à assister
» au dernier adieu des victimes. Abandonner au
» moment du péril le peuple qui me donne un si
» touchant témoignage de son amour serait lâcheté ;
» j'en suis incapable : je ne veux point déshonorer
» mes cheveux blancs. » Mais, tandis qu'il refuse
pour lui le bénéfice d'une démarche toute amicale,
il l'accepte pour ses deux sœurs, pour sa nièce et
sa domestique; il les fait partir incontinent, et ce ne
fut pas sans une profonde émotion qu'il se sépara
pour la première fois et pour toujours de l'amie tendre qui partagea constamment sa bonne et sa mauvaise fortune. Il pressa tellement le départ qu'il ne
leur donna point le temps de la réflexion. Son but
était de les arracher au malheur qui le menaçait.

Qui croirait cependant que le noble dévouement
de Rozier en ces pénibles circonstances est encore,
pour certains individus, le motif de la plus noire calomnie (1)? Ils le poursuivent sans pitié, ils l'accu-
sent, ils le déclarent coupable, parce que, cédant
aux ordres de sa conscience, il obéit à la voix du
peuple, la seule légitime, parce qu'il prête aux lois nouvelles un serment qui est dans son cœur, parce qu'il marche franchement dans la voie de l'intérêt et de la dignité
de son pays. Voilà comme l'intolérance, l'esprit de
parti, la cupide hypocrisie et le servilisme, dignes

____

(1) Voyez le quatrième volume du supplément au Dictionnaire dit *historique* de Feller, Paris, 1820, art. Rozier,
p. 101, ainsi que l'Éloge couronné, p. 29, etc.

appuis des trônes, en agissent envers ceux qui ne se rangent point avec eux sous les bannières de l'iniquité. Vivans ou morts, personne n'est exempt de leur dent envenimée, personne n'échappe à leur code sanguinaire.

Rozier n'eut pas le bonheur de voir sa ville natale sortir de l'abîme où l'avaient précipitée le délire d'une époque funeste et les projets homicides des plus cruels ennemis de la patrie. Dans la nuit du 28 au 29 septembre 1793, il fut écrasé par une bombe : trois jours après, son corps, déchiré par lambeaux, arraché de dessous les débris, fut déposé, avec mille autres, dans les caveaux de l'église Saint-Polycarpe (1). Ainsi périt misérablement, âgé de 59 ans, l'homme illustre qui ne sépara jamais les mœurs des talens, l'amour de la renommée de la vie, et dont toutes les pensées appartinrent à la patrie.

Nous avons suivi Rozier depuis le berceau jusqu'au dernier moment de sa vie; nous avons parlé de ses différens écrits imprimés, et même de ceux

(1) Au mois de prairial an VII (fin de mai 1799), Gilibert fut chargé de découvrir et constater le lieu où les restes de Rozier se trouvaient. Il sollicita vainement qu'ils fussent transportés au jardin botanique. On s'est contenté, dix-neuf ans après sa mort, de placer son buste sous un berceau d'arbustes à la porte d'entrée de cet établissement. Le buste est de Chinard; il a été inauguré sans pompe le 11 août 1812.

inédits qui sont perdus pour la science; maintenant il nous reste, avant de mettre fin à cette notice, à faire voir, en peu de mots, les rapports qui lient les travaux du grand homme aux progrès faits par notre agriculture actuelle, et à montrer rapidement combien a été puissante l'impulsion qu'il a donnée aux esprits, comme elle se rattache à l'état de prospérité vers lequel nous tendons incessamment : ce sont les fleurs qu'il nous convient de tressser en couronnes pour les placer sur son buste. Justifier ainsi notre admiration, notre reconnaissance particulière, c'est les faire partager, c'est remplir entièrement la tâche que nous nous sommes volontairement imposée.

Chacun des ouvrages de Rózier produisit, ainsi que nous l'avons dit, un bien positif, et l'apparition de son *Cours d'Agriculture* fut le signal d'une nouvelle ère pour la France agricole, que vint immédiatement rendre plus large la commotion politique qu'il avait précédée de huit années. De ce moment, en effet, l'intelligence du cultivateur sortit de son avilissant sommeil; l'homme eut honte de l'abjection où le premier de tous les arts se trouvait plongé; les lois honorèrent pour la première fois celui qui, voué depuis l'enfance au travail de la plus indispensable, de la plus vaste de toutes les fabriques, était indignement courbé sous la glèbe. Cette révolution fut vive, subite, et n'eut rien de dangereux dans ses moyens, dans sa marche. On se passionna pour les améliorations, et chacun voulut y contribuer, quelle que faible

que fût la portion de ses efforts. Les procédés s'é-
clairèrent les uns par les autres ; ils se propagèrent
lentement, il est vrai, mais ils se firent jour d'une
manière solide, d'une manière durable. Ils ont inspiré de nouvelles conceptions, de nouveaux rapprochemens ; les essais se sont multipliés, ont été
calculés d'après la nature du sol, d'après l'exposition,
d'après les relations des végétaux entre eux, d'après
les besoins de la localité, ceux du moment, et ceux
de qui les tentait : la pratique y a gagné.

C'est aussi de l'époque où ROZIER répandit sur
toutes les branches de l'industrie agricole de larges
rayons lumineux que datent véritablement la suppres-
sion des jachères, l'établissement des irrigations,
l'emploi du plâtre pour renouveler les vieilles luzer-
nières, celui de l'enfouissement du lupin, et d'autres
plantes pour engrais, l'usage de se livrer à l'éducation suivie des bestiaux, et de multiplier les prairies
naturelles et artificielles. C'est de ce moment que les
champs destinés à porter des céréales n'ont plus eu la
même étendue, le même système de rotation ; ils ont
reçu des semences variées, et le précieux tubercule
dont l'infatigable constance de PARMENTIER nous fit
un rempart contre la disette réelle et contre les spéculations des hommes avides qui préparent les disettes factices. On diminua le besoin des animaux de
labour, en adoptant quelques bons instrumens de
plus, en améliorant la charrue et les autres outils,
en calculant mieux l'emploi des forces, le temps du
travail et les relations des dépenses avec les produits.

La fabrication du vin et de l'alcool s'est sensiblement perfectionnée, les constructions rurales ont pris de l'extension, de meilleures distributions, une multitude d'espèces et de variétés tant végétales qu'animales sont venues s'associer à nos richesses indigènes, et donner aux capitaux, mieux distribués, un accroissement de valeur. Encore quelques années, et l'adoption plus générale des nouvelles méthodes, des grandes pensées de Rozier, fera produire sur tous les points de notre belle France des subsistances suffisantes pour une population, en hommes et en bestiaux, triple de celle que le sol nourrit aujourd'hui. Telle sera partout la puissance des bons livres et celles d'une noble indépendance dès que l'agriculture s'alliera franchement et complètement avec toutes les sciences, avec tous les genres d'honorables spéculations, dès que les idées larges de justice, de liberté, du bien politique et moral feront vibrer tous les cœurs, et que le patriotisme sera pour les hommes la première des vertus, le plus saint des devoirs.

LISTE DES OUVRAGES DE ROZIER,

TANT IMPRIMÉS QUE MANUSCRITS.

I. — *Démonstrations élémentaires de Botanique.* Lyon, 1766, deux vol. in-8°. (On en a tiré vingt-cinq exemplaires sous format in-4°.)

ROZIER a publiquement désavoué l'édition publiée à Lyon en 1773, sur le titre de laquelle on annonçait des corrections et additions faites par lui et par LA TOURETTE, son ami et son collaborateur. La seule addition réelle, due à l'éditeur, est un tableau de l'analyse végétale extrait des leçons de chimie du professeur ROUELLE. La troisième édition, donnée à Lyon en 1787, trois volumes in-8°, et la quatrième, imprimée dans la même ville en 1796, quatre volumes in-8°, et deux de planches in-4°, sont dues au docteur GILIBERT.

II. — *Statistique des Vignobles qui bordent la Saône, le Rhône et la Loire.* 1767.

Ce travail, demeuré inédit, est perdu. (Voyez ci-dessus, page 34.)

III. — *Histoire de la Vigne en France.* 1767.

Tous les matériaux de cet ouvrage sont perdus. (Voyez ci-dessus, pages 34 et 74). Il ne faut pas le confondre avec le *Traité théorique et pratique sur la culture de la Vigne*; Paris, 1801, deux volumes in-8°. Les auteurs ont identifié leur travail, comme ils le disent eux-mêmes, p. 6, tome 1, avec les nombreux écrits de ROZIER; ils y conservent religieusement tous ceux de ses principes qui ont été confirmés ou qui n'ont pas été détruits par les découvertes nouvelles ; ils emploient jusqu'à ses expressions quand ils ont à décrire des objets déjà décrits par lui, ou à manifester des idées qu'il avait déjà développées lui-même. Malgré ces larges emprunts, ce traité ne peut être attribué dans son entier à l'abbé Rozier. On l'a inséré dans le tome X du Cours d'agriculture qui a paru en 1800.

IV. — *Mémoire sur la question de savoir :* Quelle est la meilleure manière de brûler et de distiller le vin la plus avantageuse relativement à la quantité et à la qualité de l'eau-de-vie, et de l'épargne des frais. Lyon 1770. in-8°.

Ce Mémoire, couronné par la Société d'agriculture de Limoges en 1767, ne fut imprimé que trois ans après. Le volume parut sous le titre de *Traités de la fermentation des vins et de la meilleure manière de faire l'eau-de-vie.* Le Mémoire de Rozier est en tête, vient ensuite celui du pharmacien DE VANNE, de Besançon, et enfin celui de MEUNIER, ingénieur, à Angoulême.

V. — *Mémoire sur la meilleure manière de faire et gouverner les vins de Provence, soit pour l'usage, soit pour leur faire passer les mers.* Marseille, 1771, in-8° de 88 pages.

La première édition, dont cette brochure n'est qu'un tirage séparé, parut dans les Actes de l'Académie de Marseille. Une nouvelle édition, sous la date de Lausanne (Lyon), a été publiée, en 1772, en un volume in-6° de 380 pages. Rozier y a joint trois dissertations particulières qui complètent son travail. La première traite des moyens de renouveler une vigne ; la seconde est relative aux usages que l'on peut faire des diverses parties du cepage ; la troisième apprend à connaître les vaisseaux propres à contenir, à perfectionner le vin, ainsi que les meilleures méthodes pour les construire. Ce Mémoire et ses additions se retrouvent dans le premier volume du *Journal de physique,* année 1771.

VI. — *Journal de physique*, Paris, 1771 à 1780, deux volumes in-4° par année.

Le format in-12, d'abord adopté pour cette publication scientifique, a été abandonné à la fin de l'année 1772; les dix-huit volumes publiés alors furent réimprimés sous le format in-4° en deux volumes et servirent comme d'introduction au Journal de physique, qui parut dès-lors par cahiers mensuels in-4°. — De juillet 1771 à décembre 1778 compris, Rozier rédigea seul cet ouvrage. En 1779, il s'associa son neveu J.-A. Mongez, savant physicien, jeune homme de la plus haute espérance, mort avec le célèbre et infortuné navigateur La Pérouse sur les récifs de Vanikoro, dans les mers de l'Australie. De 1780 à 1785, Mongez fut seul rédacteur. Dans cette dernière année le Journal de physique passa aux mains de la Métherie, qui le publia jusqu'en janvier 1817, sans aucune coopération, et depuis cette époque jusqu'en juillet 1819, époque de sa mort, en compagnie avec le docteur Blainville. — Les premiers volumes, ceux rédigés par Rozier, ont été traduits en allemand par Wunsch, de Leipsick, et en italien, sous la direction de Stoati, de Venise.

VII. — *Traité sur la meilleure manière de cultiver la Navette et le Colzat, d'en extraire une huile dépouillée de son mauvais goût et de son odeur désagréable.* Paris, 1774, un volume in-8° de lxxx et 140 pages.

Voyez à la page 43. La rédaction de ce traité remonte à l'année 1771, époque à laquelle il fut soumis par l'auteur à l'Académie des sciences de Paris, et par elle adopté pour paraître dans ses volumes. Rozier, en le publiant séparément trois ans après, l'augmenta d'un avant-propos où il rend compte de ses nouvelles expériences et démontre la nécessité de rapporter les lois de prohibition, qu'il combat par des faits et en s'appuyant de deux décisions de la Faculté de médecine en date des 26 juin 1717 et 29 janvier 1774.

VIII. — *Nouvelle Table des articles contenus dans les volu-mes de l'Académie des sciences de Paris, depuis 1666 jusqu'en 1770*. Paris, 1775 et 1776, quatre volumes in-4°.

Ajoutez à ce que j'ai dit de cet ouvrage, page 42, Rozier avait promis, en novembre 1774, que cette table serait com-plétée chaque année par des feuilles supplémentaires, mais le libraire-éditeur ne les a point publiées.

IX. — *Mémoire sur la Corse*. Mss. de 1775 et 1776.

Toutes mes recherches pour retrouver ces Mémoires ont été infructueuses. (Voyez page 46.) Les doubles qui faisaient partie des papiers laissés par Rozier avaient été, peu de temps après sa mort, ainsi que nous l'apprend Ducour, son parent (dans sa Notice, page vi, placée en tête du dixième volume du *Cours d'Agriculture*), confiés par mademoiselle Aimée Rozier aux mains d'un membre de la famille, ainsi que beaucoup d'autres manuscrits. On ignore ce qu'ils sont devenus. Pour couvrir cette perte, avait-on le droit de dire, écrire, imprimer et répéter sans cesse, depuis 1800, que tous les livres et manuscrits de Rozier devinrent en 1793, pendant les quinze jours qui suivirent la mort de notre illustre agriculteur, la proie des malheureux qu'il avait recueillis chez lui peu d'instans auparavant. Il faut convenir que ces ingrats illétrés furent bien mal avisés, si l'on accepte l'accu-sation, de ne point voler les objets de valeur connue pour s'attacher uniquement à des notes écrites sur la vigne, sur Olivier de Serres, sur divers points de la science agraire.

X. — *Vues économiques sur les moulins et les pressoirs d'huile d'olives connus en France ou en Italie*; Paris, 1776, brochure in-4° de 27 pages, avec sept planches gravées.

Ce Mémoire, que j'ai fait connaître page 46, parut en même temps dans le *Journal de physique* du mois de dé-cembre 1776, pages 417 à 443.

XI. — *Description du moulin hollandais, pour extraire l'huile des graines de Lin, de Colzat, de Navette, de Pavot, de Caméline, etc., et de l'application avantageuse qu'on peut faire de ce moulin pour la fabrication des huiles d'olives et des huiles de noix.* Paris, 1777, brochure in-4° de 20 pages, et quatre planches gravées.

Ce Mémoire parut en même temps dans le *Journal de physique*, cahier de décembre 1777, pages 417 à 436. En novembre de l'année suivante, Rozier publia dans le même recueil périodique l'explication et la figure d'un moulin à huile établi à Reichshoffen, à 18 kilomètres de Haguenau, dans le département du Bas-Rhin. Ces deux pièces servent de complément au précédent Mémoire. Rozier y corrige ses propres fautes. « Ce serait, dit-il, l'effet d'un amour-propre » bien mal entendu de tenir encore à ses idées où lorsqu'on » s'est trompé, ou lorsqu'on est parvenu à connaître quel-» que chose de plus parfait et de plus utile que ce que l'on » a publié. C'est précisément le cas, ajoute-t-il avec bonhomie, » où je me trouve, et je ne crains pas de l'avouer, parce que » je n'ai en vue que le bien public. »

XII.— *Lettre sur l'emploi de la salicaire*, Lythrum salicaria, I**., *contre la dyssenterie.* 1779.

Écrite au sujet d'une épidémie qui désolait alors un grand nombre de communes en France, elle est insérée au *Journal de Paris*, n° 331, du 27 novembre 1779. Depuis quelques années la salicaire a perdu sa réputation comme plante médicinale; on s'en sert encore dans certains cantons pour infusion théiforme.

XIII.— *Plan pour la Culture des diverses espèces de cépages.* 1780.

Ce plan, dont l'idée première se retrouve dans son Mémoire sur les vins de Provence, pages 24 et 28, est développé dans une lettre écrite par Rozier à Dupuk de Saint-Maur, alors intendant de la Guyenne, qui s'est fait un devoir de la communiquer aux continuateurs du *Cours d'Agriculture*. Il est rapporté textuellement au tome X de cet ouvrage, pages 164 à 167. On le retrouve tome 1, pages 152 à 157, du Traité théorique et pratique sur la culture de la vigne, publié en 1801 par CHAPTAL, DUSSIEUX, PARMENTIER et GALLET. Cet utile projet fut, comme je l'ai dit plus haut, page 50, mis à exécution par ROZIER dans sa propriété de Beauséjour, par DUPRÉ DE SAINT-MAUR et LATAPIE auprès de Bordeaux. Leurs notes sont perdues. Nous avons vu ce qui a été tenté sous le même point de vue à la pépinière du Luxembourg, à Paris, sous la direction de HEAVY. Cet essai, qui a duré quelques années, n'a nullement profité à la science, le cultivateur aussi modeste qu'instruit qui dirigeait le vignoble, rassemblé à grands frais, ayant été constamment contrarié par le caractère bourru et fantasque, par les idées mal arrêtées d'un inspecteur trop vanté.

XIV. — *Observation sur une nuée rendue phosphorique par surabondance d'électricité.* 1781.

Le 15 août 1781, le thermomètre indiquant 32 degrés centigrades de chaleur, un orage de nuit offrit dans le midi de la France, surtout aux environs de Béziers, à huit heures du soir, le spectacle d'une nuée tellement chargée d'électricité qu'elle en était transparente et phosphorique ; elle laissait voir derrière elle, non-seulement les hautes montagnes, mais encore les vignes, les moissons, la croupe et les sinuosités des vallées, quand les éclairs prolongés s'élançaient de sa masse. Tel est le sujet de la note qu'on lit au *Journal de physique* du mois d'octobre de la même année, pages 276 et 277.

XV. — *Cours complet d'Agriculture théorique, pratique, économique et de médecine rurale et vétérinaire*, ou *Dictionnaire universel d'Agriculture.* Paris, 1781 à 1793, neuf volumes in-4°.

Aussitôt que cet ouvrage important parut, il fut traduit

en langue italienne à Naples, à Lucques, à Venise. Don Juan Alvarez Guerra le transporta dans la langue espagnole.

XVI.—*Recueil de Mémoires sur la culture et le rouissage du chanvre, et sur les moyens de prévenir les inconvéniens des routoirs.* Lyon, 1787, un volume in-8° de xvj et 225 pages.

Le Mémoire de Rozier, qui occupe les pages 1 à 137 de ce recueil, publié par la Société d'agriculture de Lyon, avait été couronné le 12 août 1785. Les autres pièces du volume sont d'abord le Mémoire de Prozet, d'Orléans, qui obtint l'accessit, et qui avait déjà paru à Paris en 1786 en un volume in-12; ensuite un autre Mémoire anonyme qui a mérité des éloges; enfin des Instructions familières sur le chanvre, par de Perthuis.

XVII. — *Plan d'une École nationale d'Agriculture dans le parc de Chambord.* 1780.

Ce projet, remis d'abord, en 1775, à Turgot, fut rédigé de nouveau dès les premiers jours de la révolution et adressé successivement, en 1789, à l'Assemblée nationale constituante, et en 1791 à l'Assemblée nationale législative. Il a été publié en mars 1827, en tête du premier volume du *Dictionnaire d'Agriculture pratique* de François de Neufchateau et autres; Paris, 1827, deux volumes in-8°, pages xxiij à xxxj. Il a été communiqué à Arthur Young, qui proposa, sous son nom, la ferme expérimentale sollicitée quatorze ans auparavant par Rozier, tome I, page 176, de son *Voyage en France,* comme il s'appropria, ainsi que je l'ai dit page 35, la pensée et la carte de la division de notre sol en plusieurs bassins et zones agricoles. François de Neufchateau renouvela la demande de notre illustre abbé le 15 novembre 1801 ; il fit honneur de l'idée première à son auteur, mais il ne put obtenir sa réalisation. Il s'en plaignit avec amertume, vingt-six ans après, à la Société d'agriculture de Paris; mais n'avait-il pas à se reprocher, comme je le lui ai dit à différentes époques, d'avoir né-

gligé l'occasion la plus heureuse de fonder cette grande
école, d'établir les fermes expérimentales demandées, d'abord
pendant qu'il était ministre de l'intérieur, puis lorsqu'il fut
membre du Directoire, enfin durant sa présidence au Sénat
sous l'Empire? Fallait-il attendre un quart de siècle, quand
d'autres réalisaient, tant en France qu'à l'étranger, la grande
pensée de Rozier pour publier un document que je lui pro-
curai, en 1798, traduit en espagnol? Je n'aime point l'excuse
qu'il donne, page xxiv du Dictionnaire cité : « Mais quand
» je l'aurais recouvré en 1791 ou 1792, la crise politique et
» les tempêtes qui grondaient avec tant de fureur, en ces mo-
» mens terribles, ne m'eussent pas laissé un seul moment pro-
» pice pour remettre ce plan sous les yeux des législateurs de
» ce temps orageux, suivi bien peu après de temps plus ora-
» geux encore. » L'illustre Vosgien oublie que, pendant cette
période, nous avons vu créer l'École normale, l'Institut, le
Conservatoire des arts et métiers, etc.; que, en 1798, nous
eûmes, pour la première fois, une exposition des produits de
l'industrie nationale, etc. C'est une singulière manie de vouloir toujours accuser le peuple des fautes commises par ceux
qui se trouvaient sans cesse à sa tête à ses époques désastreuses:
c'est aussi celle de toutes les personnes occupant, depuis 1789,
les places les mieux rétribuées. La postérité jugera différem-
ment qu'eux : je me permets de devancer sa sentence. Otez
les quelques grains de poussière qui salissent le noble cothurne
de Corneille, mais, de grâce, messieurs, ne cherchez point
à rapetisser sa pensée si puissante et sa gloire immortelle.

<hr>

N. B. Comme quelques personnes pourraient, sur la foi de
certains bibliographes, être tentées de me reprocher d'avoir
passé sous silence plusieurs ouvrages par eux attribués à
Rozier, je dois prévenir cette remarque en détruisant une
erreur qu'il était si facile d'éviter, si, au besoin d'écrire, on

avait la loyauté d'unir l'exactitude dans les recherches sur les matières que l'on traite.

Il est positif que les quatre écrits désignés ci-après ne sont jamais sortis de la plume de l'illustre agriculteur et physicien.

1° Dans sa *Bibliographie agronomique*, page 21, MUSSET-PATHAY, et DU PETIT-THOUARS, dans sa Notice sur ROZIER, insérée au tome XXXIX, page 209, de la *Biographie universelle*, et ceux qui les copient servilement, inscrivent parmi les ouvrages de notre auteur l'*Art du Maçon piseur*, qui fut publié en un volume in-12, à Lyon, en 1771, et à Paris en 1772. Ainsi que le dit l'extrait donné par ROZIER dans le *Journal de physique*, juillet 1771, il est de GOIFFON. Comme ce petit traité ne lui paraissait ni assez clair ni assez méthodique, ROZIER n'en fit point usage, quand il eut à parler du pisé dans son *Cours d'agriculture*; il recourut à l'architecte BOULARD, de Lyon, qui lui fournit l'article imprimé dans son VII° volume, pages 719 à 737. Cet article porte le nom tout entier de BOULARD.

2° DUCOUR, dans sa Notice sur ROZIER, page vij, imprimée en tête du X° volume du *Cours d'Agricultu*, ainsi que les continuateurs anonymes du *Dictionnaire historique* de FELLER (tome XII, page 101), DU PETIT-THOUARS, et ceux qui les ont copiés, lui attribuent un *Mémoire sur la manière de se procurer les différentes espèces d'animaux, de les préparer, et de les envoyer des pays que parcourent les voyageurs ;* Paris, 1774, in-4 et in-8. Ce Mémoire curieux, publié d'abord dans le *Journal de physique*, tome II, de 1773, pages 390 et suiv., est de MAUDUIT(le docteur) de Paris. Il porte le nom de ce savant.

3° J'ignore pourquoi BARBIER, dans son *Dictionnaire des ouvrages anonymes et pseudonymes*, première édition, page 304, du tom. IV, et page 531, tom. I, de la deuxième édition, persiste à regarder ROZIER comme l'auteur d'une *Disserta-*

tion sur les aérostats des anciens et des modernes, publiée à Genève (Paris), 1784, in-12, quand elle porte ces lettres initiales A-G Ros..., qui n'ont rien de commun avec celles de notre illustre agronome, quand le style est absolument étranger à sa plume savante. Du PETIT-THOUARS a copié la faute de BARBIER.

4° Il en est de même d'une misérable compilation faite sans goût, sans connaissances positives, et uniquement pour soulager la misère d'une plume à gages, qui parut à Paris, en 1795, en deux volumes in-18, sous le titre de *Manuel du Jardinier, mis en pratique pour chaque mois de l'année*, comme extrait des manuscrits trouvés après la mort de ROZIER. Quoique le mensonge fût patent, MUSSET-PATHAY, page 137, le *Dictionnaire de* FELLER, tome XII, page 101, et leurs copistes, avancent qu'il appartient à ROZIER : il n'est pas même pris littéralement des articles de son grand ouvrage.